大親分!

アウトレイジな懲《こ》りない面々《めんめん》

北野 武
Kitano Takeshi

河出新書
017

目次

愉快な人達

芸能（お笑い）の世界に入ってもう五十年近くなるが、いろいろな人達と出会ってきた。

その中でも特に面白くて怖い人がいる。俗にいう「暴力団」の人達なわけだが、今こんな話をすれば「北野武！　黒い交際」などとメディアから攻撃されるだろう。まあ、なんせ四十年以上前の話ですので、単なる「昔話」として聞いてもらいたい。

下町のヤクザ、西さん

俺がツービートとして主《おも》に浅草の松竹演芸場《しょうちくえんげいじょう》に出ていた頃、楽屋にはよく地元のヤクザが出入りしていた。公営ギャンブルのノミ屋が主《おも》だが、中に本当に芸人が好きなヤクザもいた。そのヤクザを仮に西《にし》さんと呼ぶことにする。

西さんは浅草や上野をシマとする関東関山《せきやま》一家の若い衆《し》で、ロック座の一部をシマとしている高橋組の幹部である。普段、博打《ばくち》の金の集金は西さんの若い衆が来るのだが、何故《なぜ》か俺達ツービートが出る時は必ず西さん本人が演芸場の楽屋に来ていた。眼光鋭い、一見してタダモノじゃない風貌《ふうぼう》だった。

しばらく俺達の舞台を見てその後、楽屋に顔を出し、「おい、たけし！　一杯飲みに行こう」と誘ってくれる。その一言だけで内心、ビビってしまうし、周りも凍りつくくらいなのだが。連れて行かれるのは近所の上野か浅草の焼き鳥屋や煮込み屋で、そこで俺達のネタを褒めてくれたり注意したりするわけだが、それが意外と的を射ているのが不思議だった。そして時間が遅くなると、「明日があるから、お前は早く帰れ」とタクシー代をくれた。

そんなことが何年か続き、俺達がＴＶやラジオに出始めた頃、ひさびさに浅草の松竹演芸場に出演すると、西さんが楽屋に現れた。やっぱり、雰囲気がマトモな人ではない。

「よう、ツービート、売れてきたな！　終わったら飲みに行こう！」と言うのでいつもの通り焼き鳥屋で飲んだ後、何故か西さんが「おい、たけし！　話があるんだけど、もう一軒付き合ってくれ！」と言い出した。

まさか金の事じゃないかと思ったが、顔を見るとやたら眉根《まゆね》を寄せた深刻な表情をしている。行った店は西さんの彼女(愛人)がやっているスナックで、連れて行かれたのは初めてだった。

なんか変だなと思いながら「西さん、なんか心配事でもあんですか？」と聞くと「いやあ、たけしさんちょっと相談があんだけど……」何故か西さんは俺のことを「たけし」とは呼ばず「さん」付けで呼んだ。

「なんの相談ですか？」と聞くと愛人のママを外に出し、急に丸椅子《まるいす》から滑り落ちるよう床に正座して「たけし師匠！　俺を弟子にして下さい。前から憧《あこが》れてたんです！」と、とんでもないことを言い出した。

驚いた俺の方が椅子から転げ落ちたかった。なんとか「西さん、何やってんですか。弟子って俺は漫才師ですよ」と慌てて応じた。

「だから弟子にしてくれと言ってんです、師匠！」

「俺はまだ弟子なんか持つような資格ないですよ、皆に笑われますよ」

「いや師匠、そんなことないです。俺が今まで見た漫才師の中で一番才能があるとボクは思います！」

西さんは自分のことを「俺」ではなく、いつの間にか「ボク」と呼んでいた。ごく自然なのだが、雰囲気が極道《ごくどう》そのものなのでかえって恐ろしかった。

その後、ママのいないスナックで西さんを説得するのが大変だった。

結局、西さんは漫才の弟子入りを諦《あきら》めた様子だ。

「よおし、分かった！　ボク、じゃねえ、俺も男だ。もうあんたの前で弟子にしてくれなんて言わねえ。金輪際《こんりんざい》、無かったことにしてくれ、師匠じゃねえ、おい、たけし！　お前腹へってねえか？　ラーメンでも食いに行くか？　最近ネタ作ってねえだろう。新ネタ作れよコノヤロウ、酒ばかり飲んでんじゃねえ!」

西さんはすぐにいつもの西さんに戻っていた。

ヤクザでも、本気で漫才師に憧れてた兄ちゃんがいたんだ……アパートに帰り、貰ったタクシー代を俺は数えた。

横浜のキャバレー貸し切りのヤクザ

仲間から横浜のキャバレーの仕事を頼まれた。今で言う闇《やみ》営業である。

話によるとツービートの熱狂的なファンの横浜のヤクザの親分がキャバレーを貸し切って、俺達を呼んでいるらしい。キャバレーは嫌だが、ギャラがいいのと、ヤクザがファンだというのはおっかないし、行かなきゃ駄目だろうと、事務所に内緒で横浜の店に向かった。

店に着くと楽屋口では支配人がやけに小躍《こおど》りなんかして、嬉《うれ》しそうに待っていた。

「ツービートさん、今日はごめんね。ヤクザがあんた達を見たいと言ってきかないんだよ。客席覗いてみる？　ヤクザ達いるから。もう待っていて、早く出せってうるさいんだよ」

舞台袖《そで》から客席を覗くと、一番前に親分らしきオヤジを中心に両脇《りょうわき》を幹部二人が囲み、その周囲に若い衆が座っている。その居並《いなら》び方はヤクザ以外に思いつかない並び方で、普通そんな場に居合わせたくないという顔ばっかり並んでた。それにもうだいぶ飲んだのか、親分は赤ら顔で眼をランランとさせているし、幹部の酌《しゃく》をする手が揺れている。俺達が演《や》る前から相当に出来上がっている。客席の後ろには組の他の子分達や怖がっているホステス達が壁に張り付くように立っていた。

「こんなキャバレーは嫌だ」という典型である。

時間となり、俺達は舞台に飛び出した。

「はい、どうも、本日お呼び頂いたツービートです！」

ヤクザ達は喜んで「待ってました、ツービート！」とやけにノリがいい。

その当時ＴＶでよくやったネタをやると、真ん中の親分は手を叩《たた》いて大ウケだったが、横にいた幹部が「それ、TVで見たぞ！」と茶々《ちゃちゃ》を入れてきた。

その瞬間、笑っていた親分の顔が豹変《ひょうへん》した。

「ツービートが俺のために一生懸命漫才をやってくれてんのに、なんだテメエは！　TVで見たぞだと⁉　常識がねえ、黙って見てろ！」

怒鳴ると、テーブルに置いてあったヘネシーのボトルで隣の幹部の頭をカチ割った。幹部の頭から鯨《くじら》の潮吹きのように血が噴き上がる。殴られた男は頭から溢《あふ》れ出ている血に気も止めず、ひたすら親分に謝っている。

キャバレーの中の空気が一気に張りつめた。

すると親分は俺達の方を向くと「ツービート、話の腰を折って済まなかったな。さあ続きをやっておくんなせえ」と笑顔で言ってきた。

結局一回目の漫才は中央で喜んでいる親分と、隣で頭から血を噴き出している幹部、直立不動でただ黙って見ている子分達を前にどうにか終わらせたが、幹部の頭が気になって仕方なかった。死んでしまうんじゃないだろうか。

そして二回目の時間がきて、舞台に出た。

相変わらず親分は上機嫌で笑っているが、隣の幹部は病院に行ってきたらしく、頭を包帯でグルグル巻きにされていた。

俺が「兄さん頭、白菜《はくさい》みたいですね」と言った途端、親分がウケて笑いながら「アハハ、お前の頭、白菜みたいだってよ」と幹部の包帯だらけの頭を手でポカポカ殴っている。包帯に血が滲《にじ》んでいる。心配した子分が幹部の頭をかばう仕草《しぐさ》をすると、「テメエまでギャグが分からねえのか！」と、その子分の頭を今度はビール瓶で殴った。

泡だらけのビールや氷やツマミがまき散らされた客席では、血の滲んだ包帯で頭をグルグル巻きにしている幹部とビール瓶で頭を割られ血を噴いている子分を両手に抱え、親分が一人で喜んでいる。

二回目もどうにか親分一人にウケて俺達の仕事は終わった。

楽屋に戻った俺達に支配人がこう言った。

「親分がこの後、横浜を案内したいと言っている。案内してもらう間も楽しませないとヤバいぜ」

「笑わせないとどうなりますかね」と俺は真顔《まがお》で訊く。

「そら覚悟しなくちゃな」

支配人も真顔だ。俺達は逃げるように東京に戻った。

九州の武闘派ヤクザ

売れてくると週末は必ず地方へ営業に行くのが漫才師の常《つね》で、よく地方へ行かされた。

博多で仕事が入り、昼と夜の二回公演なので前日にホテルに入ってくれと言われ、夜八時頃に博多のホテルにチェックインした。すると部屋に電話が入り、今から迎えに行くから酒を飲もうと、親分に誘われた。断るわけにはいかずフロントで待っていると、今時こんなデカい車があるのかと思わせるほどの車で迎えに来た。車の前後を切り落とせばスクールバスになるんじゃないかというほどの大きさだった。
車には愛人なのだろう、派手な化粧《けしょう》のまだ若い、親分の子供みたいな女が乗ってい
た。
「あら、タケちゃんだ！　嬉しい」
「おい、美和《みわ》、どこ行こうか？」
「あたし踊りたい、タケちゃんと！」
「そうか。おいヒデ、この間乗っ取ったビーナスとかいう踊らせる店、行ってみる
か？」
「ディスコって言うのよ。あそこ北山《きたやま》組の店だったんじゃないの？」
「馬鹿野郎、うちの会が乗っ取ったんだよ。そこへ行こう。ちょっと混んでるかも
な！」
行ってみると客はほとんど入ってなく、ヤクザの若い衆が手持ち無沙汰《ぶさた》でただカウ
ンターに座っていた。音楽も掛かっていない。

「何これ、ディスコでもなんでもないじゃないの！　音楽も掛かってないし。ＤＪ出来るの雇ったの？」

美和さんが親分に食って掛かる。流石《さすが》に親分も不味《まず》いと思ったのか、「おいヒデ、早く音楽掛けてＤＪってのやれよ！」と怒鳴る。

「えっ、親分、どうすればいいんですか？」

「おい、美和、教えてやれ！」

「イヤよ。なんでＤＪなんか教えるの？　分かんないわよ。客を煽《あお》って踊らせればいいんでしょ？」

「ヒデ、なんでもいいから喋《しゃべ》って踊らせろ！」

しょうがなくヒデさんはマイクを掴《つか》むと、「さあ、ディスコビーナス、踊った、踊った！　踊っておくんなせえ！」と拙《つたな》い口調で盛り上げようとしたが、まるで町内会の盆踊りのようになってしまった。

「もういい！」と不機嫌になった美和さんはご飯が食べたいと言い出し、親分はいいとこを見せようと高級料亭を予約してくれた。

山の上にあるその料亭は博多湾が一望出来る有名店なのだが、博多でも名の通った武闘派ヤクザの急の予約なわけだ。てんてこ舞いとなったことだろう。

店に着き車を降りると、冬が近付いた山の上はだいぶ寒くなっていた。

大広間に通されると、美和さんは俺の大ファンらしく、「やあ、タケちゃん、これテレビでよく着てるセーター？」と触ってくる。

「はい、普段も着てます」と言うと、「あたしもこういうの欲しいなぁ、パパ買ってよ！」と甘えた声で親分におねだりした。

その瞬間、親分が俺に一言、「脱げ！」と言った。そして俺は一瞬でセーター脱がされ、この寒いのにランニング一枚にされた。

「よかったな美和、たけしのセーター貰えて」

喜ぶ美和さんにデレデレする親分の横で、俺は寒いから熱燗《あつかん》を飲んで誤魔化《ごまか》そうとしていると、隣にいた親分に電話が入った。

「ああ、俺だ、どうした？　何ぃ、博多湾に浮いた⁉　お前、ブロック穿《は》かしたんだろうな？　本当か？　じゃあ腹ば割《さ》かんといかんのに割かなかったな？　だから腹にガスたまって浮かんできたんだコノ馬鹿、指詰めろ！」

隣にいた俺はたまったもんじゃない。

「いやあタケちゃん、うちの馬鹿が半目《はんもく》の親分殺して博多湾に沈めたんだけどよ、腹割いてなかったからガスがたまってブロック穿いたまま浮いてきちゃった。困るよ馬鹿は！」

俺に平気で人を殺した話をしてくる。

結局博多の興行は上手《うま》くいったが、何故かお土産《みやげ》に日本刀をくれようとして若い衆が空港で逮捕された。

ヤクザの興行師

太田プロダクションにいた頃、新潟の営業でＷモアモアという先輩の漫才師が子供の病気で会場に行けなくなり、俺達がトラで行くことになった。トラとは代演のことで、どっからそういう意味で使われるようになったかは分からない。

新潟の市民会館に着くと、楽屋口にそれと分かる強面《こわもて》の興行師が待っていた。

すぐ二人で「モアモアさんのトラで来ましたツービートです、宜《よろ》しくお願いします」と挨拶《あいさつ》をしたが、「なんでお前等《めえら》みたいな知らない漫才師送ってくんだ、太田プロは。モアモアがいいってあれほど言ったのに、しょうがねえなあ」とほとんど取り合ってくれない。始める前から楽屋の空気も深い海の底みたいに沈んでしまった。

出番が近付いてきたので、「あの、何分くらいやればいいんですか?」と聞くと「何分でも、何時間でもやれ。モアモアだったらウケるのに」とぶっきらぼうに俺達に当たり散らす。言われたこっちは何時間もネタがやれるわけねえだろ、バカヤロー、なんて腹立たしい。好きで来たわけじゃないのに。しかし、相手が強面のヤクザなので三十分くらいやって舞台を降りた。

袖で俺達の漫才を見ていた興行師に挨拶をすると「モアモアだったら会場がドッカ

ンドッカンだよ」と面白くなさそうな顔をしていた。

最後までそんな雰囲気のまま、俺達は東京行きの各駅停車で帰った。売れてないとすべてが酷《ひど》い。急行券ぐらい出せよと思ったがしょうがない。いかんせん俺達はトラだから……でも内心では、俺達の方がモアモアより絶対ウケていると思っていた。もうこんな興行師の仕事は断ろうと決意した。

それから半年も経たずに、なんと漫才ブームという変な現象が起き、お笑いの世界を一躍《いちやく》一流芸能にまで押し上げ、ギャラもトップクラスへと引き上げた。

いきなり俺達は、時代のアイドルになってしまった。

そんな時、今度はトラではなくメインの出演者としてツービートに新潟の興行が入ってきた。またあの嫌な興行師の仕事かと思ったが、モアモアのトラで行った時より待遇はましだろうと行くことにした。

今度は急行の指定席でマネージャー付きで新潟駅に着く。駅にはもうファンがいっぱい待っていた。その人波を掻《か》き分けるようにあの興行師が「ツービートさん、お車はこちらです」と手を振っている。やっとファンから逃《のが》れて車に乗ると、そいつが「いやあ、タケちゃん達が本当に来てくれるか心配で、昨日は寝られなかったんですよ」とニヤけている。

俺が「漫才、どのくらいやるの？」と聞くと「時間なんかどうでもいいですよ。顔さえ見せてくれれば、後は客がキャーキャー言って終わりです」と前とまるっきり態度が変わっていた。帰りにはお土産と弁当を持って電車の中まで乗り込んで来て挨拶した。

人気稼業《かぎょう》というのは残酷《ざんこく》なもので、その時同じ舞台に呼ばれていたベテランの漫才師が前の俺等のような扱いを受けていた。

それにしても、売れてない頃はいろいろな場所へ営業に行かされた。

高松の興行師はその地域で一番のヤクザで、大阪との兄弟分の盃《さかずき》も交わしていたイケイケの親分だった。

その親分は兎《と》に角《かく》口が悪くて、しかし変なことではやさしい。

最初に会った時は「お前等がツービートか？　ギャラ高いんだから、ちゃんと笑わせよ、殺すぞ！」こんな感じで怖い。

一回目がどうにかウケて、楽屋の前にあるピンク電話の前で小銭を探していたら、「おい、たけし、何してんだ？」と親分が声を掛けてきた。

「お袋に電話しようとしたんですが、小銭が足りなくて……」

「何コノヤロウ、小銭が足りねえ？　おおい皆、小銭持って集まれ。早くしねえかコノヤロウ、急がねえとみんな殺しちまうぞ！」

若い衆が血相《けっそう》変えてゾロゾロ集まってきた。

「よく聞け。これからたけしがお袋に電話すんだ、小銭足りなくなったら大変だろう、グズグズしやがって馬鹿野郎」

俺は気圧《けお》されながらも電話のダイヤルを回す。

「すいません……ああ、かーちゃん俺、どう身体、大丈夫？　うん……」

隣で耳を澄ましている親分が「いま高松にいる、お土産持って帰るって言え！」と小声で俺に指示してくる。その間も若い衆に目くばせをして、小銭を入れさせる。親に電話するシチュエーションなのに、傍目《はため》からは闇取引の電話にしか見えない。

結局一分くらいのつもりの電話が、親分のお陰で三十分くらいになってしまった。

若い衆は小銭が無くなり、そのことで全員並ばされて殴られるわ、俺はいらないのに高松の名産品や人形とか、お守りまで買わされた挙げ句に東京に帰ることになった。

「おい、親孝行しろよ、親に迷惑掛けるな、言うこと聞かないなら殺すぞ。ホントによ。あ、小銭あるか?」

親分は列車に乗るまで俺に付き合って、親孝行しろと最後まで言っていた。ただよく考えると、極道人生をまっしぐらに歩んでる親分の方が、完全に親に迷惑掛けてんじゃねえかと思うのだが。

この親分の組は面白いことにマンションの二階に一般の人達と同居していて、町会費も納めてるらしい。しかしもっと笑うのは、四階に敵対している組の事務所があってよく二階と四階で拳銃の撃ち合いがあるそうだ。最近のトラブルの原因は、両親分の車がトヨタのセンチュリーで、二階の組員が四階の親分のセンチュリーのホイールキャップを盗んで自分の親分の車に付け替えたのがバレて撃ち合いになったらしい。

とはいえ、ヤクザのファンはありがたい時もある。

浜松でヤクザ映画を撮っていた時のことだ。夜の繁華街《はんかがい》でライトを点《つ》けて撮影に入っていたのだが、珍しがって酔っ払いや地元のガキが邪魔をする。そこに俺のファンだという地元のヤクザが若い衆を連れて現れ、見物人の整理をしてくれたのだ。

だがヤクザなので「そこに立ってんじゃねえ、殺すぞ！」とか、「早く行けこのジジイ、そのままあの世に逝《い》っちまえ！」とまあ言葉が荒い。しかも服装がいかにもヤクザという格好なので、俺が親分に「交通整理、大変ありがたいのですが、皆がかえって怖がるので、服装だけでも気を付けてくれませんか？」とお願いすると「そりゃ悪かった、明日は皆ちゃんとした格好で来ます！」と約束してくれた。

翌る日《あくるひ》の朝、撮影現場の漁港に行って準備していると、防波堤の向こうから上下白のジャージーと紅白の帽子を目深《まぶか》に被《かぶ》ったヤクザの若い衆が行進してきた。

ヤクザの会長

昔デビューしたての頃、俺達の漫才のネタが年寄りを虐《いじ》めてると言われよく雑誌で叩かれたことがあった。

ある日、事務所に全国でも有名な組の会長の秘書から電話があり、俺が謝りに行くことになった。指定されたのは浅草の鍋料理屋で、夜七時頃に観音様《かんのんさま》の裏手にある料亭に車で向かった。おかしなことに近辺には人の気配がなく、浅草の料亭街なのにやけに静かだった。

車を降りて探し回ってやっと店を見つけ、店の前で箒《ほうき》を手に掃除している親爺さんに「すいません、大住《おおすみ》会の会長の堀本《ほりもと》さんにここに呼ばれたんですが……」と聞くと「ああ、上にあがって下さい」と言われ二階に向かった。

部屋ではもう鍋《なべ》の準備がしてあり、しばらくすると下で会った親爺さんが二階の座敷に上がってきて、「今日はわざわざ呼び出して悪かったね、大住会の堀本です」と丁寧に挨拶をされた。

「お前達の漫才のネタなんだけど、年寄りイジメが酷いといろいろな人から注意してくれと言われて困ってんだ」と言いながら俺に鍋からスッポンを箸《はし》で取ってくれる。天下の堀本会長にそんなことをされて俺はすっかり上がってしまい、「すいません、二度とそういうネタは漫才ではやりません」と約束してしまった。

すると「こんなこと言いたくねえが、世の中うるせえのが多いから、お前達も大変だろう。今日お前と会ってんのは、誰も知らないから安心して帰りな」と言って今度はメロンを剝《む》いてくれた。運転手には小遣いまで渡してあった。この人があの堀本会長とは思えなかった。

帰り車中から外を見ていたら、各路地には会の若い衆がちゃんと見張りについていた。だから今日は誰もいなかったんだと分かった。

堀本会長には数々のエピソードがあるが、とりわけこの人はどこに行くのもボディーガードを付けないので知られていた。そうは言っても困るのは子分達で、彼らは変装したり違う車両から見張っていたりと大変だ。新宿などに行くと、会長を見たことのない他の組員や同じ会の下っ端が因縁《いんねん》をふっ掛けてくることもある。

「おい、ジジイ、こんなとこほっつき歩きやがって」

などとイチャモンを付けてくる。会長は好々爺《こうこうや》の雰囲気で、その場をおだやかに済まそうとするのだが、どんな狭い路地でも光速の素早さで変装した子分が飛んでくる。会長が悠々《ゆうゆう》とその場を後にすると、駆けつけてきた子分にやられた奴らが点々として いる。

関西時計事件

昔、関西でひさびさに仕事があり、たまには夜クラブにでも行こうかと仲間と北の新地《しんち》に向かった。その夜は路地路地にヤクザの若い衆が立っていて、通行人をチェックしている。誰かヤクザの大物が来ているなと思いながら、ここがいいんじゃないかと仲間が言うので入ってみると、やけに静かだった。客はほとんど入っておらず、ボーイもホステスも席についていなくて、店の端に数人のソレと分かる人達が静かに話をしていた。

俺のツレがその人達を見て小声で言う。

「山菱《やまびし》の五代目が来てるよ、どうしよう?」

「それはお前、無視しちゃヤバいよ。挨拶しなきゃあ不味いだろう……」と言い、俺が挨拶に行くことにした。

「すいません、東京のたけしです。初めまして。会長のお姿を拝見したもので、挨拶だけでもと思いまして」

「おお、わざわざ気ぃ使わせて悪かったな、ありがとう」

さすが会長、謝ってくる。そこにホステスが現れて「たけしさん、何飲みます?」と聞いてきた。すると「ヤクザの酒など飲ますな!」と会長が怒った。

ホステスが下がると「悪かったな、早く席戻ってや。こんなところ見られると、何言われるか分からねえ」と会長は言い、俺は心配そうにしているツレの席へと戻った。

東京へ帰った次の日、東京の山菱会の子分から時計が届いた。

会長のお礼らしい高級な時計だし普段は付けて歩けないのでしまっておいたが、ある日会長がＴＶの生中継を見て、「たけし、俺の時計気に入らないのかなあ?」と言ったようで、俺の所に「会長の時計を何でしないんだ、殺すぞ!」と組員が怒り心頭《しんとう》らしいという噂が届いた。

噂にしてもただ事じゃない。

それからしばらく、俺はＴＶの時は必ず時計をしている左手をカメラに向けて見えるようにしていた。

数週間後、関西から電話が入った。

「腕時計の宣伝ちゃうで。もう、ええ加減にせえ!」

いや、こっちのセリフなんだけどと苦笑いしか出来ない話だ。

弱肉強食ヤクザ

俺達ツービートがまだ歌手の前荷《まえに》(前座のこと。当時はこう呼ばれていた)の頃、仙台で演歌の大物の歌謡ショウがあった。しかしそのショウは手打ちといって、地元の興行師を通さず勝手に切符を売ってしまったものだった。

怒ったのは地元のヤクザで、土足《どそく》でシマを荒らされたとして、演歌歌手が歌っている時にヤクザの若い衆が舞台に駆け上がり、歌手と司会、前座の俺達まで後ろ手に縛《しば》り楽屋に閉じ込めた。

そこで歌手のマネージャーが知り合いの東京の稲本会《いなもとかい》に連絡、歌手とその組の親分の仲がいいので、すぐ横浜から仙台まで何十人もの武装したヤクザが飛んで来た。

驚いたのは仙台のヤクザで、まさか稲本会が横浜から来るとは思わず歌手達に落とし前を請求していたが、話が逆転、金と指を差し出し詫《わ》びを入れることになった。

その日の夜、宴会となって、さっきまで俺達を縛って殴っていた子分達が「兄貴、一杯どうぞ！」とお酌《しゃく》してくる。ヤクザの世界も弱肉強食だ、芸人の世界は貫肉拾肉だ、これなんて読むんだろう。

＊

こんな話を思い出しながら書いてみたが、あくまでも登場するヤクザの人や団体は仮名であり、リアルなビートたけし氏と何の関係もありません、宜しくお願いします。ホントに！

理系ヤクザ

田園調布の閑静《かんせい》な住宅街。

嘗《かつ》ては芸能人やスポーツ選手の豪邸が多く建ち並び、漫才師に「田園調布に家を建てることが成功の証《あかし》！」とネタに使われてたほど裕福な人々が集まった地域だったが、最近は電車やバスの交通手段はあるものの、住民の移動は主《おも》に車なので環状八号線などが混雑しなかなか時間が読めず、今では「高級住居」のトレンドは、代官山や青山、芝、白金や都心の高層ビルに移っている。

しかしそんな中、ひと際目《きわめ》を引く豪邸がある。

その家は周りとは違い一階平屋建てで塀《へい》が高く、近付くと塀越しには屋根の瓦《かわら》しか見えない。さらに塀の長さが凄《すご》く、知らない人が見たらこんな高級住宅地に刑務所があるのか？と思うかもしれない。

この屋敷、日本のヤクザ世界では名実ともに関東を代表する「稲本《いなもと》会三代目会長谷本悟《たにもとさとる》」親分の住む稲本会本家である。

朝十時、いつものように中庭の見える茶室に谷本が入ってくる。長閑《のどか》な野鳥の声がする、穏《おだ》やかすぎる朝の雰囲気だ。

「おはようございます」

「お疲れさんです」

「押忍《おす》」

四方から挨拶《あいさつ》の声が掛かる。

頷《うなず》きながら、いつもの席にドカッと胡座《あぐら》をかき、若い衆《し》が淹《い》れたお茶を飲みながら子分を一瞥《いちべつ》する。テーブルの三方には、秘書の青山道夫《あおやまみちお》、若頭《わかがしら》の斉藤公三《さいとうこうぞう》（斉藤組組長）、沢岸浩文《さわぎしひろふみ》（沢岸組組長）が並び、隣の部屋にはお付きの若い衆が控えている。

若頭の斉藤が第一声を放つ。

「会長！　大阪の山菱《やまびし》が東京の浅草に事務所出したんですが、いかがします？」

「うちの山下（組）も大阪に事務所出してるじゃねえか？」

「いや、あの時は山下と山菱の北村が兄弟分になったということで、山菱の中野会長が挨拶代わりに出させたんですよ」

「大阪ではシノギがまるでなくて、事務所の家賃が払えねえって言ってたぜ！」

谷本は驚きもせず笑いながら返す。

「頭《かしら》！　山下が入っているあのビル、じつは山菱の物で、今家賃高くて借り手がいないみたいですよ」

秘書の青山の言葉に斉藤が、

「だからか？　山下が事務所、畳みたいって言ってきたんだ。でも俺、言ったんですよ、北村の顔もあるし、うちの会が大阪から撤退したなんて噂が流れたら稲本会の恥だし、谷本会長にも迷惑が掛かると思って止めさせたんです」

と、面白くなさそうに言ってくる。

悠々《ゆうゆう》たる谷本会長は気にも止めないふうで、

「おい、お前等《まえら》、関東ではまあ稲本会が一番だ。じゃあ関西では？」

と訊いてくる。

「山菱でしょう」

と秘書の青山が答える。

「じゃあ、稲本と山菱が正面からぶつかったらどうなる？」

「それはもの凄い大喧嘩《おおげんか》ですね！」

「じゃあこれから、量子力学《りょうしりきがく》を教えてやる！　若い衆も集めろ！」

それを聞いて全員固まった。

それは何故《なぜ》か。

この谷本悟会長は初代稲本会会長・稲本銀治《ぎんじ》の孫である稲本真一《しんいち》の元家庭教師で（その頃、谷本会長は東大の理科一類、真一は慶応高校の三年）、二代目で真一の親である稲本欽次《きんじ》が谷本会長を気に入ってしまい、娘婿にどうしても貰いたいと半ば拉致《らち》同然で養子にしてしまったのだ。本来三代目を継ぐはずの真一は無事大学を卒業して、今は外資系の銀行に勤めている。家庭教師だった谷本会長はそのまま本家の見習いから始め、直参《じきさん》の組員を勤め上げ、二代目親分稲本欽次の盃《さかずき》を貰い、直参の谷本組組長、稲本会若頭と順調に出世して現在に至る。ユニークすぎて、それだけで一冊の本になるような極道《ごくどう》人生なのである。

話を戻そう。

何故全員固まったのかというと、谷本会長の「講義」が始まるからだ。

「いいか、今日は量子力学だ」

毎回会長は数学や物理の話を組員達にするのだが、中学や高校で勉強もせず遊んでいた連中だから解《わか》るはずもない。しかし会長はたまに質問してくるので寝ているわけにはいかず、答えられないと怒られるし、寝てしまって指を詰めさせられた組員もいた。鬼のマル暴に捕まって、さんざん厳しい尋問にさらされる方がマシだ、なんて古《こ》参《さん》組員が形容するほどだ。今日もまた地獄の時間が始まると誰しもが思っているだろう。

「今日は、易《やさ》しく話すからな。面白いぞ。何でヤクザなんかやってんだと思ってしまうくらい、マクロとミクロの世界は違うんだ。いいか？」

いきなり「マクロとミクロの世界」と言われて、もう子分達はちんぷんかんぷんだ。

「さっき、うちと山菱がぶつかったら大変なことになると言ったが、同じヤクザと考えて、稲本に対して山菱は反稲本と考えられるだろう？」

「はい！」と全員が応える。

「物質も、物質に対して反物質ってのがある。まあ俺達と山菱と同じ関係だ。この二つの物質がぶつかると、もの凄い爆発《エネルギー》が起きて物質が消滅する。全部が光、つまりガンマ線という放射線エネルギーになっちゃうんだ。E=MC²、分かるな、物質がエネルギーに変わったんだ。アインシュタインで有名だろうこの式？　これは対消滅《ついしょうめつ》といってだな、粒子と反粒子、物質と反物質がペアになって消え去るんだ」

皆しょうがないので分かったふりしている。そんなことは気にせず谷本会長は続ける。

「まず反物質、反粒子ってのは質量やスピンが同じで、電荷が逆なんだ……おい手前《てめえ》等、質問ねえのか！　分かったふりしやがって!!」

しょうがないので若頭の斉藤が「電荷が逆ってのはどういうことですか？」と聞くと、会長は呆《あき》れたような顔で答える。

「しょうがねえ、馬鹿に教えてやるか。俺達の身体は原子で出来てんだ、それをバラバラにすると電子と陽子と中性子になる。まず電子は－の電気を帯びているが、陽電子ってのは＋の電気を帯びている。つまりこれが電子の反物質だ。陽子も「陽」と付くくらいだから＋の電気を帯びている。だから反陽子は－の電気を帯びているわけだな。ここで問題だ。じゃあ中性子は「中性」なんだから電気的に中性というのはどうなんだと思うだろ？　なあ、おい、お前等コノやろう！　聞いてんのか!!」

「へえ！」全員が頭を下げる。

「中性子ってのは＋も－もないのに電荷が逆ってのは変だろう？」

「確かに「中性」に対し「反中性」ってオカシイですね？」

秘書の青山の言葉に会長が満足そうに頷く。

「そうだろ。じつは陽子とか中性子は中身を見ると、クオークという素粒子で出来てんだ。このクオークという素粒子は電気を持ってる。アップクオークは+2/3、ダウンクオークは-1/3、電子の持ってる電荷を-1とするとこうなるんだ。それで三つのクオークを足すんだ、だから陽子はアップクオーク二個にダウン一個足すと（2×2/3）+（-1/3）=+1となり、陽子は+1の電荷を持つ。それに対し反陽子はアップクオークが逆の-2/3でダウンクオークは+1/3だから、−（2×2/3）+1/3=-1となって陽子と反対の反陽子になる。そういうわけで中性子も、おいそこ、ようく聞いてろ、指詰めるぞ！　中性子はアップクオーク一個とダウンクオークが二個だ。計算すると（2/3）+（-1/3×2）=0、これが普通の中性子だが、アップとダウンの電荷を逆にすると、（-2/3）+（1/3×2）=0になる。同じ電荷0でも中身が逆だ！　分かったか！

さっき物質と反物質がぶつかると対消滅でもの凄いことになると言ったが、1グラムの粒子――これは一円玉と同じだ――と1グラムの反粒子がぶつかったら広島に落とされた原爆三個分の威力になるってことだ。憶えてるか？　アインシュタインの（E＝MC^2）物質がエネルギーに変わるんだ、一円玉だぞ。電子の個数で言うと10^{27}個だ。だからだ、うちの稲本と反稲本の山菱がぶつかったら日本なんて無くなってしまうほど大変なんだ。で、お互いに気を使ってるんだ。分かったか？」

　博識な会長にただ感心してる奴、何にも分かんない奴、必死に寝るのを我慢してる奴、皆それぞれだったが、でも、理解した者は誰もいなかった。だが山菱と喧嘩をしない理由が「大変なことになる」ことは分かったような気がした。

　そんな子分達の気持ちを気にせず谷本会長は、

「よし、今度は逆のことを考えてみよう！」

　親分だけが楽しげに笑った。

　誰もがまだ続くのかと思ったが、会長の話を聞かないわけにはいかない。足が痺《しび》れてきて身体をゆらす者が増えてるのを見て、ご機嫌の会長が、

「おい皆、足崩せ！」

と言ってくれたので、子分達はホッとして胡座《あぐら》をかいた。

「さっき、物質と反物質がぶつかると凄いエネルギーに変わるって教えたな？」

「へイ！」

「じゃあ、物質にエネルギー、つまりガンマ線をぶつけたら物質と反物質に変わるってことだ。これは実際あったんだ」

皆その話に注目しだした。

「いいか、警察は、今エネルギーっていうかガンマ線が強いだろ？　暴力団新法とか作って！」

「あの法、どうにかなりませんか？　こっちは身動き取れねえ！」

若頭の斉藤の言葉に会長はニヤッとする。

「その強烈なガンマ線を警察が山菱に当てやがった。そうしたら、山菱が山菱と反山菱、つまり神戸山菱と任俠《にんきょう》山菱に変わってしまった。これを「対生成《ついせいせい》」と呼ぶんだ」

「そんな事が実際起こるんですね？」と秘書の青山が訊ねる。

「馬鹿野郎、量子の話を分かりやすく喩《たと》えで教えてやったんだよ！」

「いやあ、よく分かりました。なあお前等！」

青山が子分達に言うと、全員頭を深々と下げた。これで終わりだと思ったんだろうが、すぐ会長が話を続けた。

「俺がこの間、病院行ってペット検査ってのしたろ。あれもそうだ。注射して機械の中に入ってると、薬から陽電子が出て、すぐ電子とぶつかる。陽電子ってのは反電子だ。陽だから＋だ。そうすると対消滅が起こってエネルギー、つまりガンマ線が出る。それを検出器に並べてみれば、癌《がん》の場所が分かるってわけだ。今はこういう時代になってんだ。いい勉強になったろう？」

「会長、本当に勉強になりました。難しい話ですが流石《さすが》、元東大の先生！　ありがとうございます。毎日が楽しみです！」

斉藤の言葉に会長は満足げな顔で頷いている。

「そうか、そんなに面白いか。じゃあ俺達は大阪の山菱は分かってるが、四国や山口、鳥取、九州に組があるのも昔から知っているだろう。それは何でだ？　いつもデカい山菱が目障《めざわ》りでよく分からないはずなのに、何故だ？」

沢岸が初めて口を開いた。

「直接は交流がなかったですが、噂では知っています」

「そこだ！　大阪の山菱がいるんで陰に隠れて、我々には分からないはずだが、じつは東京でも知っているんだ。何故だ？　そこでまた、アインシュタインの登場だ！」

今日はもう終わりかと思ったが、会長の話はまだ続く。

「これが時空の歪《ゆが》みだ」

皆、黙っている。聞き手などどうでもよく、会長は話し出した。

「アインシュタインは「重力によって空間や時間は変化する」と言ったんだが、誰もそれを理解出来ないし、証明も出来なかった。しかしイギリス人のアーサー・エディントンが日蝕の日に観測をして、太陽の裏で見えないはずの銀河や星を見つけたんだ。

それで太陽の重力で光が曲がったことが分かり、アインシュタインの理論が正しいことが証明された。だから大阪の山菱がいくらデカくても、重力レンズのように後ろの山口俠栄会《きようえいかい》や高知の坂本一家などの情報が入ってくんだ。同じく山菱も東京の稲本会の後ろの仙台伊達《だて》一家とか山形新庄《しんじよう》組などを知っている。まあ、これがアインシュタインが天才と言われた所以《ゆえん》だ！」

アインシュタインの名は皆知っているので安心してるようだが、なまじ会長に話し掛けると、また宇宙だとか量子だとかの話になるので黙っている。

会長は自分の話に満足したのか、「おい、斉藤、今日は他に話、何かあるか？」と訊いてきた。

また数学の話にならないように、すかさず斉藤が質問する。

「はい、先日、うちのシマに事務所を構えた組がありまして。潰《つぶ》すのは簡単ですが、警察がうるさそうで、どうしようかと……」

「山菱ではないんだな？」

「はい、名古屋の方の組らしいんですが、いま調べさせています」

「最近、ヤクザに警察が厳しいんで、ヤクザを辞めたことにしたり、半グレに部屋を借りさせて事務所にするとかカムフラージュしているらしいが、うちの会はそういう奴等は見逃さねえから、お前等も覚悟しとけ」

「へい！」全員、頭を下げる。

「じゃあ明日は源氏香《げんじこう》の話でもしてやるか！」

そう言って会長は奥の部屋に戻って行った。

残された子分達は、明日また勉強をさせられると思って、ただただ下を向いていた。秘書の青山は自棄《やけ》になっているのか、「明日は源氏香だ！」と言いながら手足を伸ばし、会長の部屋に向かった。しかし源氏香が何なのか分かっているヤクザは誰もいなかった。

翌《あく》る日《ひ》、茶室では急遽《きゆうきよ》来られなくなった沢岸以外、秘書の青山を初め、若頭の斉藤、ほか直参の親分達が大勢正座し、会長の登場を待っていた。

程なく会長の谷本悟が現れると、「おっす！」「うっす！」「ご苦労様です！」と何だか呻《うめ》き声のようなヤクザ達の挨拶が部屋中に響き渡った。

谷本会長は驚いたように皆を見回して笑顔で言う。

「何だ、今日は皆揃《そろ》って俺の話が聞きたいのか？」

本当は稲本会のシマ内に出来たヤクザ事務所のことで親分達が一堂に揃ったのだが、若頭の斉藤が気を利かして「会長！　昨日話して頂いた半グレや破門されたフリをしているヤクザの休眠事務所のこともあるんですが、今日は源氏香の話をして頂けると皆に伝えたら、我も我もとこんなに来やがって……すいません！」

つられて全員が「すいません！」と頭を下げる。

「そうかそうか。今日は源氏香の話をしてやろうと思ったが、シマ内の事務所の件もあるから、二つ絡めて話をしよう！」

それを聞いて全員ホッとした。すぐに若い者を使ってカチコミに行かそうと思っていた組長達だったが、その話に絡めて源氏香の話があるらしい。源氏香の話は上手《うま》く聞き流して、早くタマを取る話になることを願った。

「まず、俺のシマに五カ所潰さなきゃいけねえ事務所があるとしよう、いいか？」

「へい！」と全員かしこまって返事をする。

「事務所には組長、若頭、兄弟分、子分、舎弟《しゃてい》の五人がいるとする」

皆ガックリした。もう講義は始まっていた。

「これと同じ事務所が五つあるとして、ウチから五人のヒットマンを各事務所に送り込ませる」

来た来た、やっと本題に入った！と斉藤以下組長達は興奮した。

「しかし拳銃には一発しか弾が入ってない。だから殺せるのは一人だけだ。皆組長を狙《ねら》いたいが、一発だけなので誰かを弾《はじ》ければいい。これが五つの事務所で起こるわけだ。そうすると何パターンの五人の死体が考えられるか？　これが問題だ！　皆組長、皆子分とか五体とも同じ場合は一パターンとする」

ヤクザ達はまた固まった。それに気が付いたのか、

「まだ、問題の意味が分かってねえ奴等が多いな。たとえばAからEまで五つの事務所があって、五人のヒットマンが別々の事務所にタマ取りに行くとする。Aの事務所では組長が撃たれ、Bでは若頭、Cでは兄弟分、Dでは子分、Eでは舎弟が撃たれる。これが一パターンだ。兎《と》に角《かく》弾が一発しかないので、一人しかタマは取れないわけだ。しかし必ず誰かを殺すことになっている。そうなると五人の死体が皆組長だってこともあるし、若頭二人と子分二人、舎弟一人の場合もある。そう考えた時、何パターンの死体が考えられるか、お前等考えろ！」

「五人とも組長がいいけど、そういうわけにはいかねえな！」秘書の青山が言う。

「皆子分や舎弟で五人もつまんねえ！」とは斉藤。

会長は、

「お前等、なんなら相談してもいいぞ。分かったら教えろ！」

そう言い残して自分の部屋へ戻ってしまった。

この問題を解かなければヒットマンを送ることが出来ないこともあり、残されたヤクザ達は真剣に考え出した。

「まず、マッチとかタバコ、ライターで組長や若頭、兄弟分、子分、舎弟を五セット作ってみよう！」

と横浜の金田《かねだ》和章《かずあき》組長が言うと、

「さすが大学中退！」

と青山が褒める。

「よせよ、青山さん！」

さっそく皆でテーブルの上に、組長を「タバコ」、若頭を「ライター」と置こうとすると、川崎の住田《すみだ》組長が、「タバコよりライターの方が上でしょう?」と文句を言った。

「そんなこと、どうでもいいんだよ馬鹿！」という斉藤の怒鳴り声に重なるように
「すんません！」という住田の声が部屋に響く。

「ええと、どこまでいった?」

秘書の青山が聞くと、

「金田組長が、タバコが組長、ライターが若頭まで決めました」

「じゃあ兄弟分がマッチ、子分は灰皿」

「いつも殴られてるから憶えやすいですね」

「いちいちうるさいよ、住田！」

「すいません！」とまた住田の声が響いた。

「後は舎弟か。その辺のティッシュ丸めろ！」

こうしてヤクザ達は、組長から舎弟までのセットを五個作って、テーブルの上に五セット置いた。

「じゃあ、最初の事務所でタバコだと組長を取ったことになると、次の所で灰皿だと子分か、次はティッシュで舎弟と何だかいっぱいあるな、パターン」

青山の言葉に斉藤が、

「おい、金田！ お前大学行ってたんだろう。どうにかなんねえか？」と凄む。

「頭！　大学たって文学部ですよ、中退だし！」

情けない声で詫《わ》びる金田を見ながら青山が提案した。

「まずは場合分けをしよう。一つ目の事務所は組長と決める。すると二つ目の事務所で弾かれる候補は組長、若頭、兄弟分、子分、舎弟とまた五人に分かれる。三つ目の事務所も組長から舎弟までいる、四つ目も五つ目もだ……何だか分かんねえな。よし、一つずつ書き出そう。まず一つ目が組長、二つ目も組長って五つ同じってパターンが一つだよな。それが若頭、兄弟分、子分、舎弟とあるから全部同じは五パターンある。じゃあ、組長と若頭だけの組み合わせはどうなんだ？　ああ何だか分かんなくなった！　頭、会長に謝りましょう！」

若頭の斉藤も頭が混乱してどうにもしょうがなかったし、早く子分をカチコミに行かせなきゃ会が舐《な》められると焦っていたので、

「青山さんお願いします。俺達馬鹿は何だか分かりませんよ」

秘書の青山が会長を呼びに行くと、しばらくして会長が現れた。

「なんだ、出来なかったか、何パターンか?」

「すいません、皆、馬鹿でまるっきり分かりません!」

笑いながら会長が、

「おい、斉藤、お前の勘でどれくらいだと思う?」

「そうですね……競馬だと55で五十五くらいかと!」

「お前、いい勘してるな。五十二だ!」

「頭、凄いな! 三つ違いじゃないですか」

青山が褒めると、

「まあ、勘で!」

と斉藤もまんざらでもない様子だ。

「馬鹿野郎、数学じゃ一つ違っても間違いは間違いなんだよ!」

「すいません!」斉藤と青山がすかさず謝る。

「いいか。源氏香ってのは香道の遊びといって、平安時代の貴族たちもやっていた遊びなんだ。まず、五種類の香を五包ずつ二十五包作って、五種類の香の包が入った袋を五つ並べその中から適当に選んだ包の香を順番に嗅《か》ぐ。その時、五本の棒線を用意して、全ての香が同じだったら五本の棒を繋《つな》いだ図柄を描く。一番目と二番目が同じで他が違う場合は右の二本の棒を横線で結ぶ。こうやって考えられる全てのパターンの図と『源氏物語』の巻名を合わせたんだ。だが『源氏物語』は五十四帖あるから、一の「桐壺《きりつぼ》」と五十四の「夢浮橋《ゆめのうきはし》」は図が無い。だから残りの五十二だ、全部繋がってるやつは「手習《てならい》」で、一番目と二番目を結んだやつは「空蟬《うつせみ》」だ。これが源氏香だ！」

会長がラーメンの柄のような図がいっぱい書いてある紙を見せた。（P58〜59）

「何か中華のドンブリみたいですね！」

鈴木組の組長、鈴木正《ただし》が馬鹿なことを言った。

青山は焦ったが、

「お前等、『源氏物語』くらい読め、分かったか！」と会長は気にも止めなかった。

「会長そりゃ無理だ。頭の中はまだ五つの事務所にヒットマンが一発しか弾が無いハジキで誰殺すとか考えてんですから！」

若頭の斉藤が悲鳴のように謝った。

「じゃあ斉藤、お前の気持ちを買って、うちのシマに作った事務所に誰か子分行かしていいぞ！」

「ありがとうございます！　さっそく誰か活きのいいの行かせます！」

「じゃあ、片付いたらこの源氏香と同じように紙に一から五十二までタイトルを付けろ。俺を笑わせろよ！　それからここで量子力学を教えてやろう！」

「ええ！」と唖然《あぜん》とするヤクザ達。

「いいか。今、斉藤の所の若い衆が弾きに事務所の中に入った。もしお前の子分が量子だったら、生きてるか死んでるか、ドアを開けるまで分かんねえんだ。それが量子力学だ！」

「どうしてですか？　悲鳴とか怒鳴り声で、向こうの者かこっちの子分か分かるんじ

源氏香

夕顔
（ゆうがお）

空蟬
（うつせみ）

帚木
（ははきぎ）

桐壺
（きりつぼ）

明石
（あかし）

須磨
（すま）

花散里
（はなちるさと）

賢木
（さかき）

玉鬘
（たまかずら）

少女
（おとめ）

朝顔
（あさがお）

薄雲
（うすぐも）

真木柱
（まきばしら）

藤袴
（ふじばかま）

行幸
（みゆき）

野分
（のわき）

御法
（みのり）

夕霧
（ゆうぎり）

鈴虫
（すずむし）

横笛
（よこぶえ）

宿木
（やどりぎ）

早蕨
（さわらび）

総角
（あげまき）

椎本
（しいがもと）

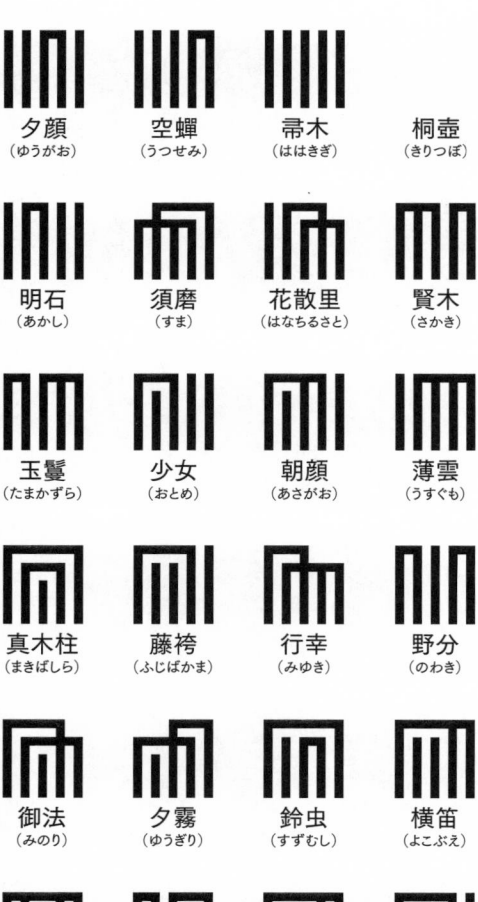

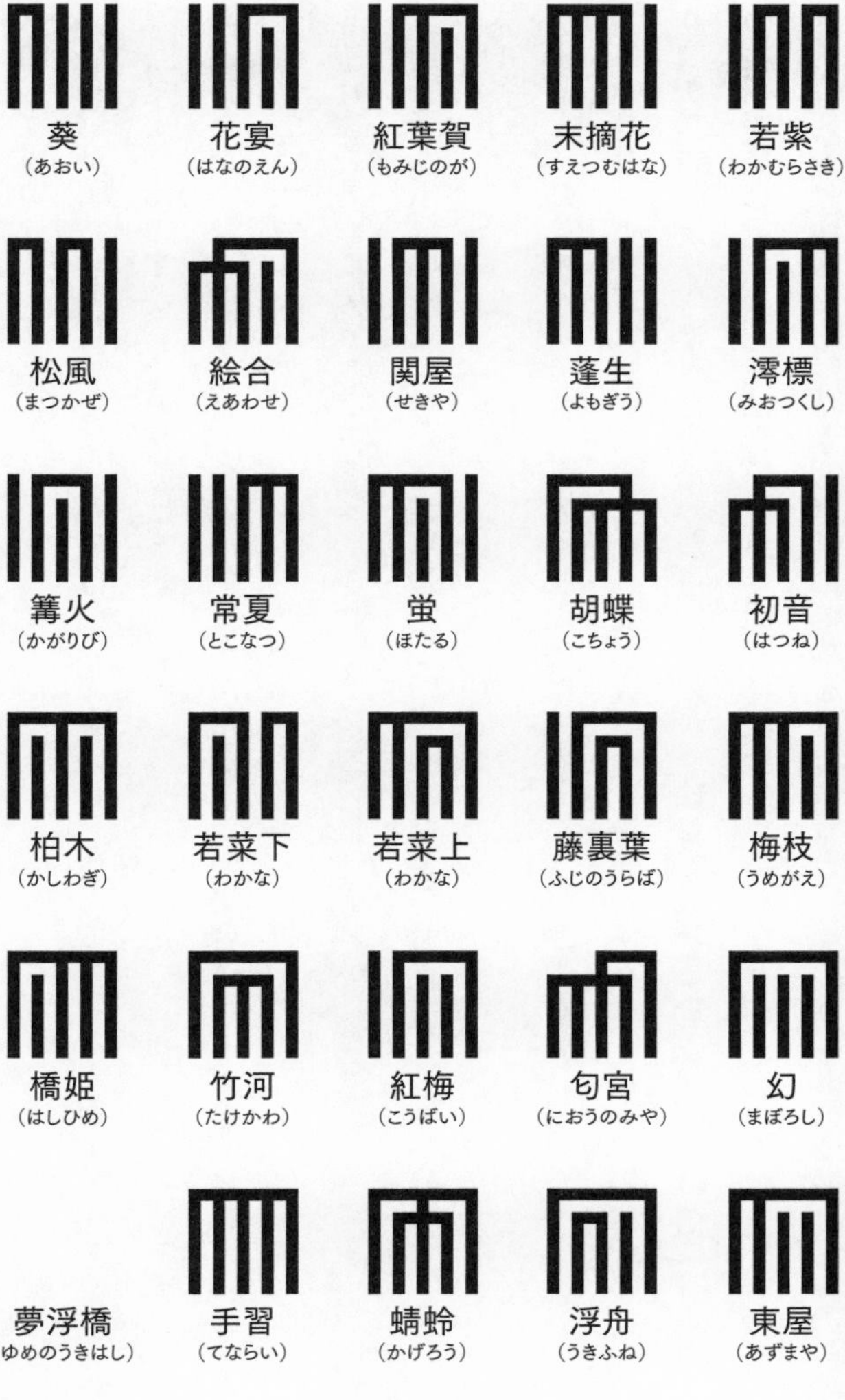

葵
（あおい）
花宴
（はなのえん）
紅葉賀
（もみじのが）
末摘花
（すえつむはな）
若紫
（わかむらさき）
松風
（まつかぜ）
絵合
（えあわせ）
関屋
（せきや）
蓬生
（よもぎう）
澪標
（みおつくし）
篝火
（かがりび）
常夏
（とこなつ）
蛍
（ほたる）
胡蝶
（こちょう）
初音
（はつね）
柏木
（かしわぎ）
若菜下
（わかな）
若菜上
（わかな）
藤裏葉
（ふじのうらば）
梅枝
（うめがえ）
橋姫
（はしひめ）
竹河
（たけかわ）
紅梅
（こうばい）
匂宮
（におうのみや）
幻
（まぼろし）
夢浮橋
（ゆめのうきはし）
手習
（てならい）
蜻蛉
（かげろう）
浮舟
（うきふね）
東屋
（あずまや）

ゃないですか？」

「いや、量子力学の世界では、子分は生きてもいるし死んでもいるんだ！」

「会長、なんですか、その状態は？」

「これをシュレーディンガーの猫って言うんだが、この場合はシュレーディンガーのヤクザだ！」

「何か、マフィアみたいで格好いいですね、シュレーディンガー！」

「馬鹿野郎！　早く誰か行かせて潰してこい、そんな事務所！」

「はい！」

やっと本題に戻ってくれたと安心したのは束《つか》の間《ま》、また会長が話し出した。

「二重スリットって実験があってな。お前等の子分を光とすると、相手の事務所の入り口が二つのスリットみたいだったら、子分が連続して飛び込むと向こうの壁に濃淡の縞柄《しまがら》が現れるんだ。光は光子であり同時に波なんでそうなる」

もう何も分からなかったが、早くこの場を逃れようと、組員達は必死で殴り込みの用意をしにそれぞれ事務所に戻って行った。そして残ったのは秘書の青山だけだった。

「皆出て行きやがった。余程俺の話が堪《こた》えたかな？」

「はい。我々馬鹿は、何を聞かれても分かりません」

「でもな青山、子分も人数を考えないといけねえよな」

「多くてもいけないんですか？」

「お前、素数って知ってるか？」

「はい、１かその数でしか割れない数ですよねえ、会長」

「お前、分かってるじゃねえか、素数！」

「いえいえ、それだけです知ってんのは。すいません」

「それじゃあ聞くが、俺の直参の組は何組だ？」

秘書は指を折りながら数え出した。

「一つ、二つ、三つ、四つ、五つ」

五つの所で会長が「小指半分だから愚連隊《ぐれんたい》だ」と言って笑う。

「勘弁して下さいよ、会長！」青山はもう一回数え直そうと指を折る。

「十七だよ。なんで十七だか分かるか?」

秘書の青山がしばらく考えて、「あ、十七は素数です！」と答えた。

「だから、何で素数なんだ?」

「偶然それだけ増えちゃったんじゃないですか?」

また始まったかと青山は思った。他に会長と話せる組長達はいないし、今日一日地獄だ。

「いいか青山」会長は独りで盛り上がっている。「お前も知っていたように、素数ってのは1かその数でしか割れない数だ。うちの組が十七あるってことは、素数で割れない、つまり仲間割れや分裂しないってことだ」

「なるほど、素数ってのはタメになりますね」

「本当に分かってんのか?　素数ってのは数学だけじゃないぞ。たとえば俳句、何文字だ?」

「俳句は5、7、5ですね」

「これが凄いだろう。5は素数、7も素数、全部素数なんだ。足すと17だから、構成が全部素数で入る言葉に限定されているってことだ。字余りってのもあるが、基本的に数が合わないとどんな言葉でもしっくりこない。あと短歌を見てみろ。5、7、5、7、7で構成されている数が素数で、全部足すと31だ。これも素数だ。だから文学も素数と関係しているんだ」

青山はただ頷くしかなかった。

「さらに凄いのは、素数は生物にも関係してくるんだ。蟬《せみ》、いるだろう?」

「夏にミンミン鳴くやつですか?」

「お前は子供か? なんだミンミンって、ジージーだってあるだろ!」

「はい、孫にジージーって呼ばれてます!」

「馬鹿野郎! 俺をからかってんのか、指詰めろ!!」

「すいません、つい調子に乗ってしまって……蟬がどうしたんですか?」

「蝉にも素数が関係している場合があるんだ」

「蝉に素数ですか？　一匹とか三匹、五匹とか集まって鳴くとかですか？」

「違うよ。生まれてくる年数が素数の蝉がいるんだ。十三年ゼミとか十七年ゼミとか」

「凄いですね、何でしょう？」

「そりゃあ、他の年の蝉とかち合わないためだろう。なあ青山、自然は凄いな！」

青山はこの話をどこのクラブの女にしようかと考えていた。

会長の話はいつも物理や数学なのでクラブで誰も聞かないし解らない。たまに女が乗ってくるのは宇宙の話くらいで、天の川に二千億程の星があって、それは今まで地球上で死んだ人の数と同じだ、星空を見てあの星はお母さんの星とか、あの子の星とか自分で決めると面白い——これは会長から聞いた話の中で一番役に立った。でもクラブで素数ゼミとか俳句じゃ嫌がられるな。

「おい、お前、何考えてんだ！」

急に会長が喋《しゃべ》ったので青山は驚いて、「いや、うちの連中、上手くやったかなと考えてまして」と誤魔化《ごまか》してみる。

「素数ってのをお前ならどう作る？」

「いや、作り方は分かりませんが、素数かどうか調べるなら、2や3で割って……」

「それじゃあ、デカい数だったら何時間も掛かるじゃねえか！　でもな、実際、素数に関してはまだ作り方がよく分かってねえんだ。昔ユークリッドがなあ、（2×3×5）＋1＝31ってやり方を考えた。5でも7でも3でも何でもいいんだが素数を掛けて1を足すと素数になるんじゃないかと思った。1を引いても同じだ、29も出来た。29と31を差が2の双子素数と呼ぶんだ。俺はこれを組同士の関係に利用して揉《も》め事を防ごうとしたことがある。17と19とか、（2×3×7）＋1＝43、42-1＝41とか、大きくすると101と103とかな、組同士が双子素数なら安泰《あんたい》だと思っていろいろ組員の数を素数にしようと考えたが、全部がこのやり方じゃ駄目だった。（2×3×5×7）＋1＝211、（2×3×5×7）−1＝209、211は素数だが、209は209＝11×19で分解出来る。また、素数の作り方も（2×3×5×7×11×13）+1=30031で30031=59×509となってしまいこのやり方では駄目だと分かった。まあ素数の話はこのくらいで止めよう。リーマン予想とか俺もよく分からねえんだ。でもな、暗証番号なんてのは素数を使って作るんだぞ。今暗証番号を解くにはコンピューター使っても何年も掛かるんだ。しかしな、量子コンピューターが出来ると、暗証番号なんか数時間、いや、もっと速く解けるようになるだろうな」

するとと急に青山が、「コンピューターってのは0と1の二進法ですよね？」と訊ねた。

「お前、よく知ってるな！」

会長が嬉しそうに二進法について話そうとしているのに気が付き、青山はまたやってしまったと悔やんだ。

「でもお前が知ってるのはそこまでだろう。コンピューターでどう二進法を使うんだ？」

もう手遅れだった。

「0と1ってのは回路の開閉によって扱われ、実数を0と1を使って表すんだ。2、3、4、5は10、11、100、101となる。分かるか？」

「すいません、分かりません！」

「しょうがねえな。二進法、三進法……と何進法もあるんだぞ。まず二進法だ。これは十進法を考えると、一桁上がるのに10かかるわけだ。だから一桁台に0123456789と書くが、十は10と書いて0の隣の二桁に上がる。これが99まで続いて100になると三桁になるわけだ。ここまでは分かるか？」

青山は分からなかったが「はい！」と答えた。

嬉しそうに会長は続ける。

「十進法は皆が使っているからな。しかし二進法になると、一桁は0と1しか入れられない。2になると二桁目に上がるんだ。そして二桁目も0か1しか入れられず結局こうやるんだ。ある数字を二進法で表すには、2^0、2^1、2^2、2^3、2^4とその数を2の累《るい》乗《じょう》で表す。お前、何歳だ？」

「五十三になります！」

「二進法だと110101になるな！　だから三進法でやれば1、2、3、4、5は1、2、10、11、12となる。だからお前の年も三進法だと53だから、3⁰から始まって……」

会長は紙に書き始めたが、しばらくして、「最近、お前等のお陰で頭悪くなったな！」と言いながら何回も見直し、イライラし始めた。

「三進法で53は1222かな……分からなくなってきた」

「いいんじゃないですか！」

「何がいいんだ！　お前も考えてみろ。適当なこと言いやがって！」

青山の言葉に会長が怒り出し、青山は焦った。

「すいません、こないだシャブで捕まった滝沢《たきざわ》のことを考えてまして……うちはシャブ禁止なのに」

「馬鹿野郎め、麻取《まとり》に踏み込まれてパケからデジタルのハカリ、ポンプまであったらしいじゃねえか！」

「はい、素人《しろうと》でも隠していますのに」

「何だ、お前、絡んでねえだろうな？」

「当たり前ですよ！　あいつ、女のマンションで自分でシャブ5グラムずつ袋に詰めて売ってたらしいです」

会長がまた何か思い付いたような顔をしている。

「ハカリっていえば、昔の天秤《てんびん》ばかりがあるだろう？」

「はい、棒の両端に受け皿みたいのがぶら下がっているやつですね」

「ああ。アレで1グラムから順番に2、3、4と40グラムまで量《はか》るのに何個の重りがいると思う？」

青山は滝沢の所属する大木《おおき》組の組長を呼べと言われるかと思い困ったが、話がまた物理だか数学話になりちょっとホッとしている。

「40グラムまで天秤で量るんですか？」

「そうだ、これも冪乗《べきじょう》だな」

何のことか青山はさっぱりだ。しかし何か答えなければならない空気があるので絞り出す。

「ええとですね……1グラムから順番に21グラムまで重りがあれば、40は21+19だし、大丈夫ではないでしょうか？」

それを聞いた会長は嬉しそうに言う。

「そんなにいるか、1、3、9、27グラムの4個でいいんだ！」

「え、じゃあ5や14グラムはどうすんですか？」

「お前、天秤ばかりって言ったろ。5グラムはからの皿に9グラム置いて反対の量る物が載ってる方の皿に1と3を乗せとくんだよ。それで釣り合えば、置いたものは5グラムじゃねえか。14だって片方に27を載せ、品物の皿に1と3と9グラム載せれば釣り合うじゃねえか」

青山は頷きながら計算してみた。「2は3-1か、じゃあ19は27+1-9……確かにこりゃ全部40までの数になるな」感心していると、「これはみんな3の累乗だ。3の0乗は1だ、1乗は3、2乗は9、3乗は27、これを皆足すと40になる。不思議だろう！」会長はすっかり滝沢や大木組の組長のことを忘れているように思えた。

しかし、「おい、大木組シャブやってて上納金《じょうのうきん》多くなったか？」といきなり聞かれた。

「えっ、それは……」青山はどうすれば会長を怒らせずに済むか必死に頭を回転させる。すると会長が、「虚数iの2乗で－がバレたな」と言った。もう何が何だか分からない。

「何ですか、虚数って？」

「虚数ってのは2乗すると－になる数のことだ！」

「はあ……」

返事をしてみたものの、やはりさっぱり分からない。

「いいか。ｉってのは虚数を表すんだ。ヤクザ的に言えば悪さしても組にバレてないことだと思え。しかし悪さも二つ重なると、ワルが表に出てしまう。組に善《よ》いことが＋だとすると、－は組にとって悪だ。$i^2=-1$ってことだ」

何か分かったような気がするが、２乗して－はやはり分からなかった。

「あいつら、破門かな？」と会長が独り言のように言う。

「滝沢なんかは、組抜けようと思っているらしいです」と青山が答える。

「ふん」と会長は鼻で笑い「そう簡単に組抜けられないぞ。指詰めたり、金持ってこないとな。あいつら、シャブで相当貯め込んだろうから」

「いくら必要ですか？」

「芝とか白金で随分金持ちの客、持ってたんだろ？」

「どうやら、大木組長には内緒だったらしいですよ」

「馬鹿野郎！　手前《てめえ》のシマでシャブ扱ってるのに、知らないわけねえだろう!!」

「そうですね！」

「会抜けるのは大変だぞ」

他人事《ひとごと》のように会長は言っている。

「……なあ青山、地球から脱出すんのに、どのくらいの速さが必要だと思う？」

またきた！　なんでも理科系の話に変えてしまう。この考え方が、義理とか人情に関係なく、稲本会を大きくしたのかもと青山は思った。

「おい、どのくらいだ？」

また言われ、「時速5,000キロくらいじゃないですか」と答える。

「そんなんじゃ全然駄目だ。秒速11キロだ、時速にすると39,600キロ、つまりマッハ30くらいだ。凄いだろ」

「はい、もの凄い速さですね」

「だけどな、俺達もとんでもない乗り物に乗ってんだ」

「えっ、何に乗ってんですか？」

「分かるだろう、地球だよ！」

「地球は速いんですか？」

「そりゃ速いだろ。地球は自転してるだろ。つまり24時間で4万キロ廻るんだぞ。大体時速1,700キロだ。太陽の周りを一年で廻ってるんだから、公転スピードは107,280キロだ。だから大木と滝沢には指詰めて、一億ずつ持ってこいと言っとけ！」

また元に戻った。この会長は同時に二つのことを考えられるらしい。ヤクザの聖徳太子だと思った。

「さっき地球から脱出すんのに秒速11キロって言ったよな？」

「はい、時速39,600キロです」

「お前よく憶えてんな。計算式、知らねえだろう？」

「もちろんです！」

「答えるの、早いな」

「はい、理系のこと、会長に質問されて答えられるわけないですから、すぐ分かりませんと言う癖《くせ》が付いてしまって！」

「その癖は、刑事の取り調べで付いたんじゃねえのか?」会長は笑いながら言う。

「それだったら、よい癖でしょう!」

「ああ、何言おうと思ったか忘れちまった」

「地球から脱出すんのに時速39,600キロって話です。うちの組から脱出するには指詰めて、一人一億円掛かるって!」

「そんなに細かく言うな!」

嬉しそうな会長を見て青山は一安心する。

「でもなあ、いくら指詰めても金払っても抜けられないような、デカいヤクザ組織が考えられる。こうなるとヤクザというより独裁国家だな、北朝鮮とか、昔のナチスドイツとかみたいな」

「今は北朝鮮とかシリアとか、大変ですよね」

「もし地球が今の重さで、いくら速いスピードでも脱出出来ない地球の大きさを考えると、脱出速度は光より速くならなきゃいけないわけだ。何故なら、光よりスピードが速い物はないわけだからな」
青山が黙って見ていると、会長は紙に何か計算式を書き出した。

V（速度）$=\sqrt{2GM \div R}$（$M=6\times10^{24}$kg）

R（半径）=6,400キロ

G（重力定数）$=6.67428\times10^{-11}m^{3}\cdot kg^{-1}\cdot s^{-2}$

「この数式から、光の速さは秒速V=300,000キロだから、半径$R=2GM\div C^{2}$ということは地球の重さがそのままで、半径が……光の速度の秒速30万キロと同じじゃないと脱出出来ないか！　なるほど、これがブラックホールだな！」
もう青山は何にも言うこともすることもなかった。組を抜ける話とブラックホールの話が一緒になっている。そして青山は、昔、ホーキング博士と池田大作が対談して、「ブラックホールは地獄のことですね」と池田大作が言ったのを思い出していた。

「さっき、量子コンピューターのこと言ったよな。あれは0と1が重ね合ってるってことじゃねえか？　重ね合わせだ」

また分からない独り言を会長が言ってる。

「おい、滝沢達はどこからシャブ仕入れてんだ？」

「よく分からないんですが、おそらく沖縄でしょう」

「分かってんじゃねえか！」

「シャブは大抵、台湾の習台平《しゅうたいへい》の組から沖縄の知念《ちねん》さんに廻って本州に入るらしいです」

会長はちょっと考えていたが、「その、沖縄の知念ってのは大物か？」と訊いてきた。

「ええ、沖縄で那覇《なは》知念組っていったら、関西より南では有名です」

「どのくらい大きいのかなあ……うちは付き合いないから分かんねえ。滝沢の野郎、どうやって知り合ったんだ？」

「大木と滝沢は最近スキューバダイビングに凝《こ》ってるって言ってたけど、シャブの買い付けに行ってたんですね」

「あの野郎、指や一億じゃ済まねえな！」

「今すぐに呼びましょうか、大木を？」

「でも那覇知念組ってのはどのくらいのもんだ？　こういう時は知念組の相談役とか代貸《だいがし》の力が分かればいいんだが……」

　青山は代貸とか相談役の力が分かれば一体何が分かるのか、さっぱりだった。

「会長……相談役や代貸の力を見てどうすんですか？」

「馬鹿野郎、そういう奴等はトップじゃねえ。しかしたとえば代貸は組のナンバー2で賭場《とば》の責任者なわけだから、そいつがいいシノギで金持ちなら、知念組長の所も安定した組だと分かるじゃねえか！」

「親分じゃなくて、何か役付のヤクザを調べりゃ組の状態も分かるんですね」

「そうだ。どこの組も大抵代貸や相談役がいる。これを基準にするんだ。宇宙の銀河もそうだ。どのくらい地球から離れているかを調べるのに「セファイド型変光星」ってのを使うんだ」

青山はもう諦めていた。どういう話でもこうなると。

「いいか、太陽はいつでも同じくらいの明るさだが、このセファイド型変光星は明るくなったり暗くなったりしている。その周期と明るさに関係があり、周期が長いほど実際の明るさが明るいことが分かったんだ。だから地球から見た明るさと本当の明るさを比較すれば、距離が分かるってことだ」

「そうすると、さっきの相談役や代貸で本当の組の実力が分かるということですね」

「馬鹿野郎！　距離と関係ねえじゃねえか!!」

「会長が言ったんですよ、セファ何とかって話を！」

「うるせえ、俺は変光星で距離が分かるって言いたかったんだ！」

「ありがとうございます！　また勉強になりました」

「今日はもういい。明日、皆集めろ。うちのシマに手を出した奴等をどうしたか、報告させろ。あと「源氏香」に対抗して作った「ヤクザ香」を持ってこいと伝えろよ。大木にはしばらく謹慎させろ、呼んでもまだ金も指も用意出来ねえだろう」

青山は部屋に引き返す会長に丁寧に頭を下げ、各所に連絡をした。

翌る日、茶室には十六人の直参の組長が会長の登場を待っていた。

大木組の組長は謹慎で来ていないが、他の親分達は妙に落ち着かない。シマ荒らしのヤクザは全部追い出したが、問題は「ヤクザ香」を作ってこいと見本の図まで見せてもらったが、五十二のタイトルが上手く付けられず、会長が最後に付け加えた「笑わせろよ！」という言葉に余計悩んでしまい、結局全員で謝ろうということになった。

そこに会長が秘書の青山を連れて現れた。

「オッス！」「ウッス！」と子分達の声が会長に掛かる。

ゆっくり会長が正面に座り、若い衆がすぐお茶を出す。

「シマ荒らしたってヤクザ、どうした？」

会長が口火《くちび》を切った。待っていたかのように若頭の斉藤が答える。

「うちの会は大したもんです。道具なしで皆、追い出しました。名古屋の大須《おおす》組でしたが、あとは奴等と話を付けるだけです。大須の美山《みやま》組長が指と金持って今週中に侘びに来るそうです」

「名古屋の美山か。まさかその裏に山菱がいるんじゃねえだろうな？」

「大丈夫です、山菱の兄弟とも連絡取って確認しました！」

「会長！　いずれ分かります、どこが黒幕か」

青山がヤクザ香や理科系の話が出ないように必死で間を埋めている。

「お前達、うちもシャブに手出すか？」

会長が言うと、

「今はどこの組も扱ってるし、みかじめ料もマル暴がきついんで、いいんじゃないですか！」

誘いに乗って沢岸が話に乗ってしまった。

「この、馬鹿野郎！」

会長が烈火《れつか》のごとく怒った。

「手前《てめえ》、シャブやったら破門だといつも俺が言ってるだろう！　いくらシノギがきつくても、俺達はまっとうなヤクザだ。あんな人を屑《くず》にするようなモノ扱えるか！　任俠の世界に入ったら死ぬまで貫け!!」

「すいません！」沢岸が頭を畳に擦《こす》り付けるように謝った。

「……ところでヤクザ香、作ってきたか？」

会長の怒りが収まって皆ホッとした途端、また難問が出された。組同士の抗争より、警察の介入より、シノギの相談よりも険しい問題だ。

皆が困って謝ろうと相談したことだが、会長に怒られた直後なので、誰も言葉を発せなかった。

「どうせ、そうだと思ったよ。まだどうして五十二になるかすら分かんねえだろう。名前くらい付けるのは簡単だと思ったんだけど、笑わせろ！が効いたか？」

「はい……皆それが出来ずに困ってしまって。我々センスないですから」

「いいよ、お前等ヤクザじゃねえか。シマ守ってくれればそれでいい、ほら！」

会長が懐《ふところ》からヤクザ香の図案が書いてある紙をテーブルの上に置いた。（P84〜85）

皆がじっと見ているだけで誰も笑わない、いや、どう反応していいか困っているのだ。

するとと会長の表情がみるみる怒りに変わっていった。

「おい、沢岸！ 手前、俺の誘いの話に乗ってシャブに手を出そうと言ったな！ お前みたいに組の中で誰にも愛想のいい奴がヤクザの客人には多いが（原子で言えば、電荷的には0で中性子みたいなもの）、組のバランスが客人の入ったことで悪くなると組内で揉め事が起きる。そこで兄弟分に頼まれて不満分子（電子）を出して、そこの組員になって盃を貰ってしまうんだ。これをβ《ベータ》崩壊というんだ！」

沢岸のお陰でまた物理の講義を受けなくてはならなくなった。

「いいか、β崩壊ってのは中性子が電子と反電子ニュートリノを放出して陽子になる

ヤクザ香

スリ

放火

夜逃げ

逃亡

密輸

ヒロポン

みかじめ

痴漢

自首

大麻

リンチ

皆殺し

ポン引き

密告

偽札

半殺し

懲役

シマ

無期

絶縁

手配

ドス

詐欺

ハジキ

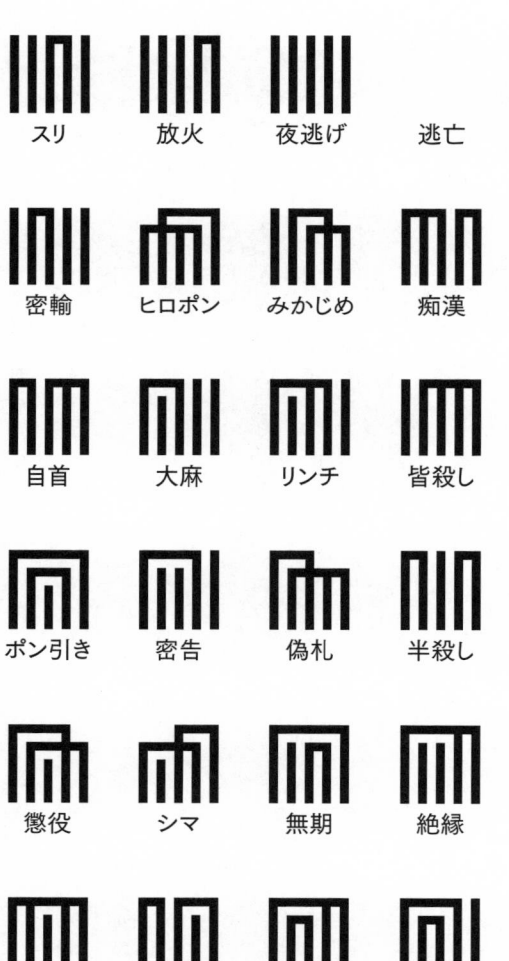

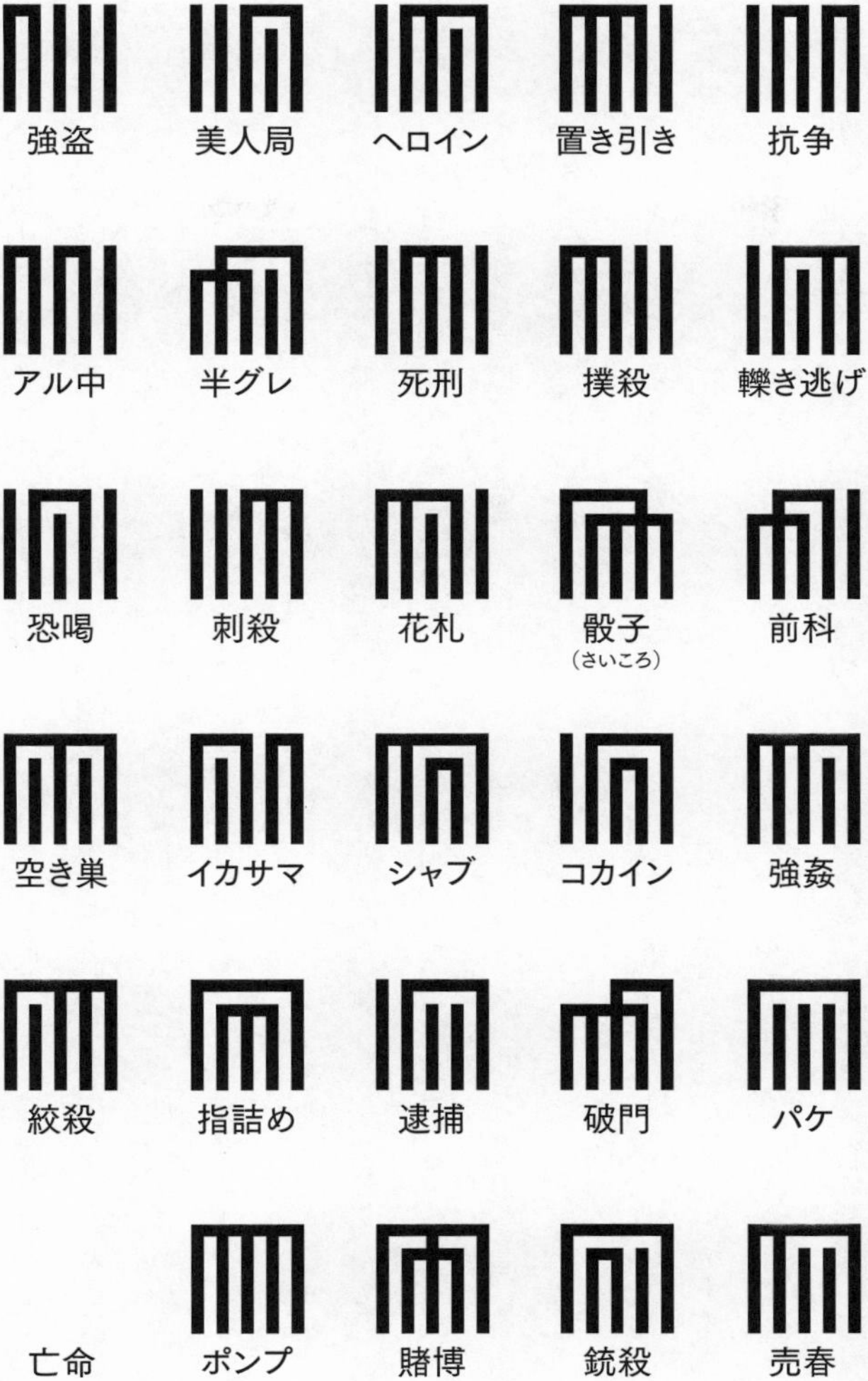
強盗
美人局
ヘロイン
置き引き
抗争
アル中
半グレ
死刑
撲殺
轢き逃げ
恐喝
刺殺
花札
骰子
(さいころ)
前科
空き巣
イカサマ
シャブ
コカイン
強姦
絞殺
指詰め
逮捕
破門
パケ
亡命
ポンプ
賭博
銃殺
売春

ことだ。組員の中にどっち付かずの中性子が多い組でよくこういうことが起きる。つまり新しい客人が組に入ってくると、その組が揉め出し不満分子を出して客人が直参の子分になってしまうってことだ。だが組は、構成員が一人増えて他の組より原子番号が一つ大きくなる……ちょっと教え方に無理があるなあ？　上手くヤクザの話でβ崩壊を説明しようと思ったが辻褄《つじつま》が合わねえ……」

会長は考えている。青山が「大木組の組長、いつ呼びましょうか？」と聞いても返事がない。皆困っていると、「沢岸！　お前は鎌田《かまた》の安田《やすだ》の所に、客人でいたろう？」といきなり話を振ってきた。

「はい、安田が兄弟分だったもんで」

「そうだ、プルトニウムの話をしてやろう。これも沢岸と同じでβ崩壊で作られる。天然ウランは核分裂を起こすウラン２３５、これは広島に落とされたリトルボーイと呼ばれた原爆に使用されたものだが０・７％しかなく、核分裂を起こさないウラン２３８が99・３％だからどうにかしてこの役立たずのウラン２３８を核燃料として使いたいと考えた。そこで原子炉を作り、ウラン235が核分裂して発生した中性子をウラン238が取り込み、一回のβ崩壊でネプツニウム、原子番号93になったわけだ。ウランが92だから一つ増えた、つまり陽子が増えたんだ。その後もう一回のβ崩壊で原子番号93のネプツニウムから原子番号94のプルトニウムになる。役立たずのウラン238ってのはいいが、役立たずの組ってのはないな。まあいいか！ これを使ってアメ公はファットマンという原爆を長崎に落としやがった。しかし今プルトニウムの同位体（中性子の数が違う）238は半減期87年でα《アルファ》崩壊により発熱する。α崩壊ってのはヘリウム、陽子二個、中性子二個だ。これが出て行っちゃうんだ。この熱を利用して電子力電池として宇宙探査機ガリレオやカッシーニに積んで長い間、面倒が要らない電池として利用してんだ。前に探査機が地球に落ちてくるって皆心配したろう？ あれは原子炉が落ちてくると思ったんだ。まあ原子炉だけどな！ だからな、ウラン235ってのはいい子分だが少ねえ、238は役立たずだがこういうのが上手く成り上がるんだ。大木の野郎も最初は川崎のチンピラだったが横浜の金田《かねだ》に拾われて、金竜会《きんりゅう》の若い衆になって、それから金田組の枝の親分、今は芝や白金をシマに持つ大木組の組長だ！」

その時、秘書の青山の携帯に電話が入った。しばらく話をしていたが、電話を切ると会長に伝えた。

「明日、大木が詫びに来たいと言ってますが、いかがしましょう？」

「十時に来いと言っとけ。あ、そうだ。皆携帯持ってるだろう？　面白いこと教えてやる、子供にウケるぞ。携帯を計算機にして今から言う数字を入れろ。いいか？　まず12345679と入れろ。8は抜くんだ。それに1から8までの好きな数字を掛けてみろ、掛けたら俺に見せろ。斉藤、見せてみろ。なに？　6172839 5か！ようし、するとお前は5を掛けたな？」

驚いた斉藤が携帯を見ると、5が9個繋がって555555555となっていた。

「え、なんでこうなるんですか？」

「お前、5を掛けたろ、だからだよ」

「いやあ、まいったな！」

「他にいないか？　5以外の数掛けた奴？」

「じゃあ、私はこれで！」

青山が見せた携帯には864197753と出ている。

「これか、お前、ラッキーなんだな」

「参ったな、もう分かったんですか？」

会長は嬉しそうに「これだろう！」と7が9個並んだ777777777の画面を見せた。

組長達が次々に「会長どうやるんですか？」と聞いてくる。

「このネタは簡単だ。まず12345679と打たせたろ、この数に9を掛けると111111111になるんだ。だからお前等に好きな数を掛けさせて、その後9を掛ければお前等が掛けた数が9個並ぶんだ！　面白いだろう？」

納得した者と分からない者が各々《おのおの》、自分で始め出した。

頭を下げたままの沢岸に会長は、

「おい、それ持って行っていいぞ！」

と、目でヤクザ香の図を示し、部屋に戻った。

全員頭を下げ会長を見送った後も、組長達はまだ携帯をいじって「7だ8だ」と夢中になっていた。


翌る日、大木が若い衆を連れて現れた。左手は包帯が巻いてある。

会長と青山が現れ前に座る。

「会長、申しわけございません。これで許してもらえませんか！」と言ってテーブルの上に詰めた指と現金の入った紙袋を置いた。

「シャブには手を出す、上がりは誤魔化す、手前は二回も裏切ってんだぞ、$i^2=-1$だ」

大木は$i^2=-1$と聞いても何のことだか分からない。

「この金半分は滝沢の家族にやっとけ。指なんか詰めんな、親から貰った身体だろう！」

会長が紙袋を大木の方に押し付けた。感動した大木は泣きながらコメツキバッタのように頭を何回も下げた。

「もう二度とこんなことはしません、ありがとうございます！」

気にも止めず会長は指をジッと見てる。

「切るってことは、どこを切るんだろうな？」

禅問答《ぜんもんどう》のような問いに大木が、「小指の第一関節の間にドスを当てて……」と答えようとする。

「馬鹿野郎！　指の話じゃねえ。その指、どっかの外科医にやってもらったんだろう？　手前で詰めろ。普通は俺の前でヤルのが礼儀だ！」

「すいません！」

「だから、切るってことはどこを切るんだ？　指を構成してる原子や分子があってそれが繋がってるんだから、電子の雲みたいな所に刃が入ると電子が分けられるのかな？」

大木の詫びなど気にも止めず、原子や電子、分子の世界に思いを馳《は》せる会長だった。

青山はホステスにスマホの算数がウケたことを会長に報告したくてしょうがなかったし、他のネタも聞きたいと思っていた。

ヤクザのピアニスト

秘書の佐野は突然の電話に目を覚ました。まだ朝の六時である。相手は初代剣神《けんしん》会会長・高木《たかぎ》剣一朗《けんいちろう》、本名正一《しょういち》からであった。慌てて電話に出る。

「おはようございます、会長。朝早くから何かあったんでしょうか?」

「あったから電話したんやろう、馬鹿野郎! 大変なことだ」

佐野は関東随一《ずいいち》の稲本《いなもと》会を治める谷本《たにもと》の顔を思い浮かべる。一本気なヤクザを気取り腐《くさ》っておったが、ついにシャブに手を付けたのかもしれない。

先週、谷本の秘書・青山《あおやま》を神戸の街角で見かけた時、うわ言みたいに「源氏香《げんじこう》」とか、「ここ須磨《すま》の近くは『源氏物語』の本場なんだろ」とか隣の男に話し掛けとったな。シマ荒らしの偵察かと思って警戒していたが。

「聞いとんのか？　佐野！」

「すいません、何があったんですか？　まだこっちは何も情報がないのですが……」

「あのなあ、朝のＮＨＫのニュースでやってたやろ」

ニュース？　となれば、谷本が撃たれたとか、西を牛耳《ぎゆうじ》る山菱《やまびし》に何か抗争が起きたとか、そんな業界内の大事件なのかも。

「すいません、まだ寝ていたもんで」

「まあええよ。日本人が十七年ぶりに二位入賞したんや」

なんや出入りちゃうんか。佐野はホッと胸を撫《な》で下《お》ろす。

「十七年ぶりに日本人が？　凄《すご》いですね。映画とかバレエの話ですか？」

「アホ抜かせ！　映画に二位入賞ってのあるわけないやろ！　バレエじゃなくてピアノや！」

「ピアノで日本人が？　凄いですね」

「お前、適当に相槌《あいづち》打ってんな、何のコンクールか分かるか？」

「はあ……私、音楽の方は全然駄目で、えーとサンレモ音楽祭とか、中村八大《なかむらはちだい》とか」

「そいつは永六輔《えいろくすけ》と『上を向いて歩こう』を作って坂本九《さかもときゅう》に歌わせた奴で、ヒロポンやってた奴やろ」

会長得意の極道《ごくどう》トリビアである。

「疲労もポンで、いい歌作れたんですね」

「何を言うテけつかる。どこぞの頭をいじくれば、ピアノコンクールの話からヒロポンの話になるんや！」

「いや、日本人がピアノのコンクールで二位に入ったのは凄いと分かりました」

「本当に分かってんのか？　チャイコフスキー国際コンクールだぞ。世界で最も権威のある音楽コンクールだって言ってたんやぞ、ＮＨＫが。ＫＫＫちゃうで、ＫＫＫは何の略か分かっとるか？　ニッポンホウソウキョウカイと違うんやで」

「ニワトリやらハトが苦し紛れに鳴くみたいなもんでしたね……クーとかなんとか」

極道トリビアに続き、会長の秘密結社好きも出た。

「クー・クラックス・クランや！　しっかりせい。まあええ、とにかくピアノコンクールのことやがな」

佐野はKGBだのCIA、NSAなどを訊かれなくてよかったとホッとした。

「すいません。それで会長、私に何をしろと？」

「そのことやがな。お前、今日九時には俺のとこに顔出さんか、用があんねん」

「分かりました、九時に伺います」

秘書の佐野は何か変だと思った。いつもは十一時頃顔を出して会長とお茶を飲みながら、子分の話や競馬、競輪で時間を潰《つぶ》し夕方には帰るのだが、今日の電話ではピアノの話ばかりで、自分に何をさせようとしているのか分からなかった。

早い朝食を済ませ、六甲《ろつこう》のマンションから芦屋《あしや》の会長の家まで向かう。三十分もあれば着いてしまう。門前には若い衆《し》が、此奴《こいつ》らも早く起こされたのか、眠そうな顔で立っていたが、佐野の車を見ると姿勢を正し、「お疲れ様です！」と深々と頭を下げた。

広間で待っていると会長が現れた。

「佐野、朝早く悪かったな」

「いえ、もう九時ですよ。いつもゆっくりさせてもらってるんで」

「さっきのピアノの話やけどな、前に辻井《つじい》伸行《のぶゆき》って目の見えない子が優勝したろ、ヴァン・クライバーン国際ピアノコンクールってやつ」

「はい、あの子よかったですね、優勝して。目が見えないのに大したもんだ」

佐野は辻井君の顔を思い出せないものだから、ボソボソと答える。関東出身で関西の会に籍を置く彼は日頃から冷たい、気取った喋《しゃべ》りをすると陰口を叩かれてきた。佐野自身は蒲田《かまた》の職工の倅《せがれ》で、気取った口調ではないのだが。なんとなく会長のカンに障《さわ》ってしまう。

「お前、また適当に話を合わしてんのやろう、知らんなら知らんと言え！」

「はい、分かりません、ピアノのことは教えて下さい！」

「一〇〇パーセント開き直ってどうすんねん、アホ！」

「すいません、辻井君とそのチャイコフスキーで二位になった人とはどういう関係なんですか？」

「ハナからそう言え。十七年ぶりに入賞した藤田真央《ふじたまお》って子と辻井伸行との関係を教えたる！」

「お願いします」

「ええか、一九五八年の第一回チャイコフスキー国際コンクールピアノ部門優勝者がヴァン・クライバーンだ。それを記念してヴァン・クライバーン国際ピアノコンクールが出来て、辻井君が優勝してチャイコフスキーの方は藤田真央君が入賞した。これは何か意味があると俺は思うんだ」

「どんな意味があるんですか？」

「お前はほんまに鈍《にぶ》いな、分からんか？」

「今度は日本人の誰かが優勝するんですかね？」

「惜しい、ええとこきたけどな」

「何ですか会長、教えて下さいよ」

「よし、よう聞け。俺はピアノを始める！」

こうと決めて凝《こ》り出したら止まらない会長だ。もしもここで抗争が起きたら、戦いよりピアノに賭けてしまう。そんな危《あや》うい性分なのだった。

「え、ピアノのコンクールに出るんですか？」

「違う。俺はピアノを弾いたことないんや、今日から練習を始める！」

突然の決定に佐野は一瞬戸惑ったが、そこはデキるヤクザ、すぐに返す。

「我々はどうすればいいんですか？」

「まず、ピアノを買《こ》うてこい。教則本も一緒に。神戸に行けば何でも揃うやろ。足りんかったら大阪まで行け。十一時頃開店やろう」

「じゃあ、若いのひとり、貸して下さい。連れて行きます！」

「ああ。おい山本！　佐野と神戸に買い物行け、昼飯も食ってきてええぞ」

九州から修業に来ている若い衆に会長が声を掛けると、山本が「ありがとうございます！」と深々と頭を下げた。

「おい、何か外で悪いことやろうって考えてんじゃねえだろうな？」

「そんなアホなこと！　間違いを起こさんように緊張しています、ハイ！」

「ただ買い物をしてくるだけだ。早く行ってこい。俺の車使っていいぞ、運転手も使え。道間違えたらめんどくせえから！」

佐野と山本がトヨタのセンチュリーで神戸に向かうと、高木会長はお茶を飲みながら昔を思い出していた。


子供の時、近所に可愛い女の子が引っ越して来て、よくピアノを弾いていた。用もないのにその家の庭越しにピアノの音を聴きながら、その子が顔を出すのを待っていた。庭にはワンワンうるさい白いスピッツがいて、しばらくすると変な子供が外から家の中を覗《のぞ》いているのが気になったのか、その家のお母さんが、「すみません、何か用ですか？」と聞いてきた。咄嗟《とっさ》に「僕もピアノやってて、聴いていたんです」と誤《ご》魔化《まか》したつもりが、「じゃあ、美香《みか》に教えてやってよ。あの子まだ始めたばかりなの。どうぞ部屋に入ってちょっと見てやって！」

焦って「僕は父さんが帰って来るので帰ります」とさらに誤魔化したが、「お父さん、何なさってはるの？」と上品な口調で話し掛けられたので、「父さんは外交官で、アメリカに行ってました！」と思いっきり嘘をついてしまった、本当はペンキ屋なのに……。「あら、凄いわぁ。貴方《あなた》のお父様は外交官なの。今度時間のある時、美香にピアノ教えてやってね、お願いします！」外交官という言葉に参ったのか、母親は娘と早くお見合いでもさせたいくらいの勢いだった。

しかし嘘はすぐにバレる。なんとその子の家の鉄柵が錆《さ》びているのでペンキを塗って欲しいと、大工の棟梁《とうりよう》から電話が入り、日曜日に父親の手伝いでペンキ塗りに行くことになってしまった。

野球帽を深めに被《かぶ》り、見つからないように下を向き顔を上げないよう注意しながらペンキを塗っていたが、「ご苦労様、お茶にして下さい」とお母さんがお茶とお茶菓子を持って現れた。頭をペコペコ下げながら親父が「おい正一、お前もお礼を言え！」と余計なことを言ったので、お母さんが俺をジッと見て「あら、正一さんていうのね。今日はアルバイト？　偉いのねえ。お父様はまたアメリカ？　今度、ピアノ教えに来てね」と言った。「ハイ、今度……」と口ごもって誤魔化したが、後で親父がお茶を飲みながら「お前のお父ちゃん、アメリカに行ってはるのか。お前、ピアノ出来るんやな？」と寂しそうに呟いた。俺はあの時本当に親不幸だと思った。

そんな昔の悲しい思い出に高木が浸っていると、若い衆が「会長、お昼どないしましょうと、姐《あね》さんが」と訊ねてきた。気が付いたらもうお昼だった。

物事に凝り性なのは自覚している。流石《さすが》に関東の稲本の親分、谷本みたいに理系に狂ってはいない。あいつは何でも物理や数学に置き換えて喋るわ、子分に無理やり教えるわと迷惑な奴だ。俺はそんな自分の趣味で組に迷惑を掛けない。趣味と仕事をさっぱりさせている。うん、今日の昼飯はさっぱりがええ。

「うどんでも食おか！」

「分かりました」

お茶を替えて出て行く若い衆の後ろ姿を見ながら、高木は「佐野はちゃんとピアノ買えたやろか」と心配だった。

うどんを食いながらTVを見ていると、外が騒がしくなった。佐野が帰って来たらしい。

駐車場のシャッターを開ける音がして、男達の声が聞こえる。そして佐野が部屋に入って来た。

「会長、ピアノはどこに置きましょうか？」

驚いた高木が訊ねる。

「ピアノ、自分で運んで来たんか？　ピアノ運送屋とか専門の所があるやろう？」

「いや、車の後ろに入りましたから」

高木は嫌な予感がした。

「……車の後ろに入るものがあるか？　どないなピアノだ？」

「今、若いのが持って来ます。ここでいいですか？」と言っているうちに段ボールに入った組板《まないた》のようなものを山本が小脇に抱えて現れ、「会長これどこに置きましょ、テーブルの上でええですか？」と聞いてきた。

高木は頭を抱えた。嫌な予感が的中した。

「おい、ソレはキーボードやないか？」

山本が「ピアノだって言うてましたよ、ねえ佐野さん？」と同意を求める。しかし佐野はすぐ間違えたのが分かったのか、「初めはこの方がいいと店員が言ってたもんで」と誤魔化そうとした。するとケースの横から譜面の束が落ちてきた。高木は譜面を拾い、ジッと見て怒鳴った。

「ピアノ初めての奴が、リストの『愛の夢第3番』とかショパンの『ポロネーズ』とか弾くわけないやろ⁉　え、佐野、バカタレが！」

「いや、会長が本格的にピアノをやると思ったんで……」

「本格的にピアノをやるのにキーボードを買うんか？　指詰めろや、どアホ！」

佐野と山本は高木の剣幕《けんまく》に圧倒され、土下座して「すいませんでした！」畳に頭を擦《こす》り付けて謝っている。怒りでハアハアと息を切らせながら「ちゃんとしたピアノと初心者用の教則本買って来い！」と会長の怒鳴り声が終わる前に、二人は部屋を飛び出して行った。

怒りのおさまらない中、高木は佐野達が買ってきた他の袋を開けてみた。

中には高木が好きなフジコ・ヘミングウェイの『奇跡のカンパネラ』や、ホロヴィッツ、サティ、バド・パウエル、セロニアス・モンクなどジャズの教本まであった。

初心者がこんなもの弾けるかと苦笑をする。

会長はまたＴＶを見ながら二人を待った。

すると佐野が店から電話してきた。若い衆が持ってきた電話に出る。

「会長、教則本、最初は『バイエル』ってのがあるらしいんですが、それでいいですか？」

「初心者用やろ?」

「最初は皆、これからですって」

「じゃあそれでええ。あと、ピアノや。ごっついやつを買《こ》うてこい。運送屋が何人もで運ぶようなやつやぞ」

「分かりました。じゃあ今日は注文だけにして、本だけ持って帰りますわ」

「ああ、金払っとけ。ケチケチせんでええ」言いながら、会長はキーボードに目が行った。

「ちょっと触ってみよか」

若い衆に見つからないように、そうっとダンボールを開け、中身を出した。

電子ピアノと書いてあり、乾電池かコードを繋《つな》いで音を出すらしい。

会長は説明書を見ずにキーボードをテーブルの上に置き、いろいろいじくってみる。

すると急にドラムの音が鳴り出し、それを止めようとしたらトランペットの音に変わってしまい、リズムもコロコロ変わり、でかい音になってしまい、慌ててコードを引き抜いた。

若い衆が部屋に駆けつけてきた。

「会長！　大丈夫ですか？」

皆慌てている。会長は恥ずかしそうに「新しいモノは駄目やな。佐野のアホ、こんなもん買ってきくさって、わけが分からへん！」そう言ったまま座布団の上に寝転んでしまった。

今日は朝早くからピアノに振り回されていつもより早起きしてしまい、恥ずかしいがピアノごときで緊張してしまったのか、すぐ寝てしまった。

そして夢を見た。

夢の中で高木は今度のコンサートに向かっての練習を始めるところだった。

ホールの袖《そで》の練習場にはスタインウェイのグランドピアノが置いてあり、調律師による音のチェックも終わり高木を待っている。高木は当日の譜面を持ってピアノの椅《い》子《す》を調整し、譜面を置くためピアノの蓋《ふた》を開けようとするが、蓋はネジか接着剤で止めたように全く開かない。調律師や関係者が手を尽くすが、ピアノの蓋はガンとして開かない。何を思ったのか大道具が来て、ハンマーで蓋を叩き割った。蓋は取れたが中の鍵盤《けんばん》まで壊してしまい、練習が出来ないまま幕が開いた。

高木はホールいっぱいのクラシックファンの前に立ち深々とお辞儀をしてピアノの椅子に座ろうとする。しかし椅子が動かない。上手く隠して椅子を定位置に持ってこようとするが、一人の力では駄目のような気がする。

そこに先程の大道具が現れ椅子の脚の根元を叩き壊した。椅子の前脚が二本とも砕《くだ》け飛んで、調整のために後ろの二本も叩いて短くしようとした結果、椅子が座布団のように低くなってしまった。少しでも背を高くするために高木は正座したが、どんなに背筋を伸ばしてもピアノの鍵盤は頭の上だ。それでも蓋を開けると、開いた蓋がまた閉じて頭を叩いた。夢というものは恐ろしいものだ。客は黙ってこの様子を見ている。今度は鍵盤を叩いてみると音が出ない。何回も叩いているうちに、さっき佐々木達が買ってきたキーボードの音が鳴り出し、客が耳を塞《ふさ》いでいる。今度は若い衆が現れてバットでピアノを叩き壊すとやっと音が止んだ……それが部屋をノックする音だと高木は気付いた。夢を見ていたのだ。

しかし夢も緞帳《どんちょう》が上がらないとか、ピアノが鳴らないとかはよく聞くが、ピアノの初心者は譜面が違っていたとかFの音が狂っているとか、そういう専門的な夢は見られないのだろう。知識がないものは夢に出ようがない。俺も夢でドスが抜けなかったり拳銃の弾が出なかったり、指が切れなかったりというような悪夢をよく見る。

「帰ってきたか！」

夢のことなど忘れ、部屋へ顔を出した若い衆に聞く。

「はい、佐野さんが教則本を買ってきはりました」

「早く持ってこい！　あと、お茶くれ」

若い衆と入れ替わりに佐野と山本が入ってきた。

「会長、初心者はこれから始めるらしいですよ」

言いながら手に持った譜面の入った袋を持ち上げ高木に見せた。

「出してみい」

「これでいいのかって店員に聞いたら、いいって言うんで」

「それ今、お前が言うたやろ！」

「はい、すいません！」言いながら、佐野は慌ててビニールの中から二冊の本を出した。表紙を見ると『子供のバイエル』と書いてあり、一方が赤い表紙、片方が黄色だった。それを見た会長は不安そうに佐野に訊ねた。

「おい佐野、誰がこの本を使うかは言わんかったろうな？」

「もちろんです、ヤクザの会長が使うなんて言えませんよ！」

「何を言うテけつかる！　アホンダラ！」

「すいません、そういう意味じゃなくて、何も言ってません。なんかお孫さんが稽古《けいこ》するのでと……」

「ほとんどまんま言うてるやないか、アホンダラ！　まあええ、見てみよか」

「はい、分かりやすいと思いますよ」

「『子供のバイエル』って書いてあるやないか、何度も繰り返さんでもエエ、当たり前やろ」

会長が赤い方の本を開くと、「右手と左手を正しい鍵盤の上におけますか？　まず指の番号を覚えましょう。親指が1番順々に2、3、4、5と続けます」と書いてある。それを見て会長が「俺の左手は5番でええんかなあ、指あらへんから4、5番やな」と独り言を呟いたが、聞いた佐野と山本は必死に笑いを堪《こら》えていた。

ページを捲《めく》ると大きな五線譜にでっかいオタマジャクシのような音符が書いてあった。

「おい、この『子供のバイエル』ってのは人に見せられへんで。他にあるやろう、これからピアノを習う人のためのバイエルとか。これを見ながらグランドピアノで弾くのか、みっとものうて堪《たま》らんわ！」

「すいません、子供だと向こうが思ってしまったんで……」

「まあええ、ピアノが来たらまた買おう」

皆を部屋から出して、会長は赤バイエルを見ながらキーボードをテーブルの上に置いて練習をしようとした。譜面はまず右手だけでドレ、ドレ、ミだけとか単純だが初めての会長には面白かった。しかしキーボードの音量が大きいのに気が付かず、ドレ、ドレ、ミが屋敷中に一日中鳴り渡っていた。

ピアノが届くまで会長は赤バイエルを使って毎日練習していたが、何ページか先に〈先生方へのお願い〉と但《ただ》し書《が》きがあり、「子供は飽きやすいので、上手く褒めたりなだめたりして、何回も出来るまで基本を我慢強く教えて下さい」と書いてあり、会長は「俺は子供扱いか」と情けなくなった。早くピアノが届いてもうちょっと大人向けの教本を買ってやってみようと、ひさびさに少年のような気持ちになっている自分が会長は嬉しかった。

翌《あく》る日《ひ》、佐野が『全訳　バイエルピアノ教則本』という青い表紙の本を買ってきた。それはフェルディナント・バイエルという一八〇三年生まれのドイツ人の書いた教則本だそうで、会長は満足した。しかしまた前書きを読んで、会長は落ち込むことになる。

〈まえがき。この本は、はじめてピアノをひく人が最もやさしい方法で、よいピアノ奏法を会得するように手ほどきをするという目的を持っています。これは子供のために、特に幼い者のために、あまり広い範囲にわたらないで、段階を追って進んでいくように考慮されています。そしてこの本は子供が幼い時から先生の教授を受けるようになるまでのあいだ、両親によっても入門指導書として……〉

これも子供用か……それも先生に習う前に親から教わる本か。頭にきた会長は独学でピアノを練習することにした。

佐野を呼んで、基本的な教則本を全部買ってこいと言いつけ、死ぬまでにフジコ・へ、ヘ、ヘ、ヘミングウェイの『ラ・カンパネラ』を弾いてやると誓った。

「フジコだってええ歳やないか。俺の方がまだ若いで、根性でやってどうにかしたる」

フジコ・ヘミングとヘミングウェイ――まだ会長は二人の違いが判ってなかった。

佐野はヤマハの店員に言われるままに、ブルクミュラー、チェルニー、ソナチネなど見たこともない教本を買ってきた。高木は「後はピアノが届いたら練習するだけ」と気合いが入っていた。

二週間経ったある日の昼頃、外がやけに騒がしい。

高木会長は「あ、今日はピアノが届く日やで！」と気付き笑顔がバレないよう、「朝からやかましや！」と急ぎ足で玄関に向かった。

その頃、ちょうど秘書の佐野が若い衆にピアノの搬送を手伝えと指示していたが、若い衆全員が汗だくになっているのを見て「上着脱げ、お前等《めえら》！」と言ったもんだから若い衆が全員裸になった。その背中には痛さに耐えた入れ墨が入っている。それを皆、ここぞとばかり自慢げに見せながら手伝ったのだが、ピアノ運送の業者がびびってしまい、「どちらに運べば宜《よろ》しいですか？」とやっと口を開き、佐野も若い衆もピアノをどの部屋に入れるか分からず格闘していたらしい。

「お前等、どこに運ぶか分からへんで、そないなデカいピアノ持ち上げてんのか？」

高木会長が声を掛けると、初めてそれに気が付いたようだった。皆自分の入れ墨を見せたいだけだったらしい。

「グランドピアノやろ？　大部屋に入れよ」

会長が指示した大部屋は若い衆の寝場所だった。そこにピアノを入れたので、その日から毎晩、一人か二人はピアノの下で寝ることになってしまった。

もっと不味《まず》いのは、朝、若い衆が寝ている部屋へ会長が入ってきてピアノを弾き出すことだった。初心者用のバイエルだから単調なピアノの音が早朝から耳元で鳴り響き、地獄のような有様だった。


佐野は数日後、稲本会の谷本会長秘書である青山にミナミのバーで出くわした。シマ荒らしを警戒していた佐野は青山の隣へ腰掛け、「あんたを神戸で見かけたんやが、山菱か俺等のトコに仕掛けるつもりやないやろな」と馴《な》れない関西弁で威嚇《いかく》しながら訊ねてみた。すると青山が涙目で「そんな威勢のいい話だったら、苦労しねえよ」と見返してきたから驚いた。どうも青山は理系バカの谷本会長に命じられ、京大基礎物理学研究所に極限構造研究である重力波や素粒子の調べものに来ているらしい。組の運営の解説から仕掛け、全てを理系的に説明する谷本会長の下で組員は戦々恐々《せんせんきようきよう》なのだ。

「極限構造研究、略せば極構。おれは極道は学びたいが、極構はゴメンだ！」

佐野は青山に同情した。今まさに自分も高木会長の犠牲になろうとしているのではないかと恐れているのだから。

しかしある朝、ピアノの音がピタリと止まり、「おい、佐野を呼べ！」と目を擦りながら起き出した若い衆に会長が『バイエル』を見ながら言った。

佐野が到着すると高木が「佐野、ここは先生が伴奏するようになってるぞ」譜面を見ながらその部分のピアノを弾こうとしている。佐野が見ると左のページには先生のパートが書いてあり、その伴奏で生徒が弾くパートが右の譜面に書いてあった。

「会長、誰か先生を頼まないといけませんね」

それを聞いた高木は佐野に言う。

「おい、ピアノの家庭教師を探せ。誰かおるか？」

「舞鶴《まいづる》の谷木《たにき》親分の孫がピアノをやってるらしいですよ。聞いてみますか？」

「アホ、悠長にするなや。早く谷木を呼べ！」

わけも分からず谷木は舞鶴から本家の会長の元に呼ばれた。緊張しながら控え室でお茶を飲んでいると、高木は谷木の顔を見るなり言った。

「おお、谷木、お前の所の孫がピアノ習っとるんやて？　先生を紹介してくれ！」

ピアノのことで呼ばれたのかと安心した谷木は「倅《せがれ》が子供にピアノぐらい習わせたいと言うもんですから、俺がヤクザやってこと隠して、確か南西宮高校の音楽科の生徒頼んでもう二年ですわ」

高木は悔しくなった。子分の孫の方が俺より二年も早く習っとるやないか。

「俺もピアノやろうと思ってんのや、呆《ぼ》け防止やで！」と言ってみたが、谷木の孫なんかに負けてたまるか！と子供のように思っていた。

「会長、ピアノ始めるんですか、なぜ急に?」

「だから呆け防止だって言うてんやろう! 俺はピアノが弾きたいんや」

「ピアノは買ったんですか?」

「ええやつを佐野に買ってこさせた。グランドピアノ」

「へえ、ちょっと見せて下さい。こう見えて私、孫のためにいいピアノを探し回って、スペインまで行ってきたんですわ」

高木はちょっと不安になった。佐野が神戸で買ってきたグランドピアノを見て谷木の野郎が何か言ったら腹が立つと思った。

「こっちこい。今、若い衆の部屋に入れてある!」

大部屋に連れて行くと、「これ、落語の『寝床』でんな」と谷木がポツリと言った。落語を知ってる佐野が目で谷木を制したが、何も気にせず会長は「どうや、このピアノ、何百万もしたんやで」と自慢げに言う。すると谷木がピアノの蓋を開け鍵盤を叩いて音の感じを聞いている。

高木は「悔しいが谷木はピアノのことをよく知ってるんだ」と思った。

「音、ええですねえ。今のはよく出来てるわ」

高木は安心した。しかしその後、谷木が言った言葉が気に入らなかった。

「今は鍵盤に象牙《ぞうげ》が使えないから、こんなプラスチックみたいなヤツで音がよく響かないんや」

「おい、谷木、鍵盤が象牙じゃなくちゃあかんのか？」

「昔はええピアノは象牙やったんですけど、今は禁止ですからねえ。だから私はスペインまで行って孫のピアノを買ってきたんです。古いピアノですから音はいいですよ。象牙の鍵盤ですしね」

　また谷木は会長のピアノを人差し指で叩きながら、「最近のはいくら高くても、鍵盤が象牙やないから」と独り言のように言ったので、高木はついに怒ってしまった。

「谷木、このアホ、俺のピアノに文句あんのんか！　象牙の鍵盤じゃないやと？　象牙の鍵盤にしたるわ！　出て行け！」

「会長、なに怒ってんですか？」

「やかましわ！　おい皆、今日から象牙の鍵盤探すんや、家庭教師も‼」

会長の剣幕で谷木の親分は帰ったが、今度は若い衆が象牙のピアノを探したり、音大のピアノの先生を探すことになってしまった。

古いピアノで鍵盤が象牙だという物はあったが、「売ってもいいがそんないいピアノを初心者の練習用に使うのはもったいない」とコンサート用にレンタルしている会社の専門家が言うので、仕方なしに佐野は「会長、専門家が言うにはですね、ピアノは今の方がいいらしいです。象牙はワシントン条約で輸入禁止で、新しく鍵盤が象牙というのはないらしいです」と伝えた。

がっかりしたように見えた会長だが、やっぱり流石《さすが》大物ヤクザ、「じゃあ、日本にある象牙を使って鍵盤を作ってもらえばええやないか」と言い出した。

「象牙って何に使われてますかね？」

佐野は取り敢えず聞いてみた。

「三味線《しゃみせん》のバチとかギターのネジとか判子《はんこ》とか結構あるはずやで、探せ！」

「集めてどうします？」

「泉州や堺に鼈甲屋《べっこうや》がおるやろ。亀の甲羅も象牙も同じや、お前等すぐやれ。谷木の野郎、見てろ！」

この命令は全国の子分に伝えられたが、中には出世をしようと麻薬と一緒に象牙を密輸入しようする者まで出た。その結果、直参《じきさん》の組長八人が逮捕され、総勢三十人が刑務所送りとなった。

また家庭教師の先生を音大の正門前にビラを貼って募集した所、条件があまりいいので（ピアノの稽古一回十五万円）多数の人が応募に来たが、男より女の方がやさしいだろうと佐野が考え、女の子を優先的に雇った。しかし入り口の若い衆の挨拶で怖がってしまったり、会長の小指を見て気絶したりとなかなか長続きしなかった。

結局、高木は『バイエル』も弾けずにピアノを諦めることになる。

先生が持ってきた『ハノン』という指の運動のための教則本で最初に出てくるのが

両手の小指と薬指を広げる訓練だが、会長は左手の小指を詰めているので広がらず、指キャップを作ったが訓練中に抜けてしまい、それを知らなかった女の先生が失神したり、滑った親指が黒鍵《こっけん》と黒鍵の間に挟まり捻挫《ねんざ》して、包帯で指を巻いたら指が太くなって隣の音まで弾いたりと、佐野や若い衆にとっては笑うしかない話がいっぱい残った。

いまグランドピアノの上には、ガラスケースに入った日本人形や子分に貰ったトラの敷物や羊羹《ようかん》、カステラの空き箱などがテレビやパソコンと共に並んで置いてある。稲本会、山菱と雌雄《しゆう》を争う大物任俠・高木会長の夢は儚《はかな》く消えていった。

こういったピアノにまつわる様々な事件が一段落して安心していた佐野のもとに、ある日の朝、高木会長から電話が掛かってきた。

家に行くと会長はパリッとした洋装に着替え、眼をキラキラさせていた。

「おい佐野、テレビを見たか、モスクワのバイオリンコンクールで日本人が三位になったらしいで！」

粗忽《そこつ》飲み屋　二〇二〇春

これはしがない、二世代前になる「昭和」という時代を通過したオヤジ達の物語、いやお喋《しゃべ》りの記録である。真面目《まじめ》に働きたくないが、カネは無い。しょうがなしに七十過ぎても我慢して生きる男等《ら》だ。一番の楽しみは仲良しと喋る焼き鳥屋の夜。カタギではあるが、その性根はヤクザなもんだ。

*

パチンコ屋の出入り口が開き、今日も藤川が「ちきしょう！　また五千円負けた」と毎度の文句を言いながら出てきた。

ちょっと歩き出して藤川は考えた。

「前回は一万円勝って、今日はまず五千円負けて、次に五千円負けて、これで前回勝った一万円が無くなり、今また五千円取られたのだから、負ける時は一回五千円で止めると決めているのでもう止めた。俺は決断力があるな！」

しかしまたちょっと考えて、「前回の勝った一万円は五千円を使って一万円にしたわけだから、儲《もう》けは五千円だった。今日は一万五千円使ったので、一日で一万円も負けたことになる」と気付いた。藤川は学生時代の勉強不足を嘆《なげ》いた。

「最近のパチンコはおかしい。店が各台をコンピューターで制御していて、客はほとんどその日の運で勝つか負けるかが決まってしまう。昔はプロみたいな奴が手の平に玉を乗せ、親指で穴に玉を連続して送り込み、素早く右手で弾《はじ》く神業《かみわざ》のような打ち方で常に盤には十個くらいの玉が躍っていた。釘《くぎ》や風車の動きもよく見ているから、玉が外に撥《は》ねることなく確実にポケットに落ちる。うまい奴が儲けたんだ」

まるで嘗《かつ》て、自分がその道のプロだったかのように藤川は呟いた。

「今のパチンコはバックの音楽や玉の出る音が客の気分を高揚《こうよう》させて、その雰囲気が癖《くせ》になってしまうように店を作っている。まるで覚醒剤《かくせいざい》のようだ……いや、パチンコ屋はパチンコに行きたいと思わせる覚醒剤の売人みたいな商売だ！」

己《おのれ》もパチンコ屋の作戦にハマっているのに藤川は他人事《ひとごと》のように怒っている。

最近は以前あったような高倉健《たかくらけん》とか美空《みそら》ひばりなどの名前が書かれた新装開店の花輪などはなくなり、ガラス全面にゲームメーカーの名前や新台の宣伝文字がローマ字やカタカナでカラフルに書《か》きなぐられている。

「確かに新しい台だったが玉が出なきゃあしょうがねえ、入り口の席で打子《サクラ》が、これ見よがしに何箱も出しやがって。その手に乗るかと思ったが乗っていた。何だこりゃ！」独りウケながら、「これからあいつ等と千住《せんじゅ》の焼き鳥屋か。バスで行こうか、タクシーかな？」

藤川は前に乗ったタクシーの運転手の名前が〈佐藤栄作《さとうえいさく》〉だったことを思い出した。

「佐藤栄作と安倍晋三《あべしんぞう》の血の繋《つな》がりとか、そんなもん知らねえんだろうな、今の連中は」

笑いながらバス停に向かうと、藤川を追い抜くようにバスが走って行った。

「ちきしょうボロバス、タクシーで行くか!」

そこに待っていたかのようにタクシーがやって来た。タクシーの姿を見て藤川は「今のタクシーは何だ、スタイルも色も関係なく金を掛けず安く客を運ぶだけのために作った棺桶《かんおけ》みたいな車で、皆黒く塗りやがって。それにほとんどの車がオリンピックのマークを付けてやがる。あれ、センスねえよ」と独り言《ご》ちた。

じっと見ていると手も上げてないのにタクシーが停まったので、反射的に乗ってしまった。

「どちらまででしょう?」

こいつ絶対茨城か福島出身だと藤川は思った。ヤクザ映画の巨匠《きよしよう》だと世間じゃ信じられてる映画監督、深作欣二《ふかさくきんじ》みたいな訛《なま》りがある。

「北千住じゃ、北千住に行ってくれい」藤川はつい深作作品である『仁義なき戦い』の菅原文太《すがわらぶんた》の口調になる。

「北新宿ですか？」

またかこの野郎！　前に乗った佐藤栄作もそうだが、タクシーの運転手は決まったように聞き間違える。何で北千住が北新宿になるんだ。そもそもそんな遠くまでタクシーで行くか！　名前を見ると、〈田中角栄《たなかかくえい》〉だった。出来すぎだろう！

「運転手さん、昔は名前で苦労したろう？」

「はい、縁起がいいってよくチップを貰いました！」

手ごわい奴だ。

タクシーはすぐに前を走るバスに追いついた。しかしこの角栄はバスの前に出られず、バスが停まれば停まる、走れば後をついて走る。「お前は天皇パレードのガードマンか！」と突っ込みたいくらいだった。

「ねえ、急いでんだから、前に出られないの⁉」

「ええ、私も最近なかなか出なくて、少し出ても残尿感《ざんにようかん》ていうんですか、あれで倅《せがれ》を何回も振るんですが……」

「そんなこと聞いてんじゃねえ、このボケ爺《ジジイ》！　オメエみたいな奴が孫轢《ひ》いちゃったりして事故を起こすんだ、免許返せ！」と内心思ったが、この爺も仕事をしないと食えないんだ、大変だなと激しく思い返し黙っていた。しかしいつまでも同じなので流石《さすが》に我慢出来なくなり、「運転手さんバス追い抜いてよ」と言うと、「ハイハイ、ガッテン承知！」ときた。横山やすしの暴言、「駕籠《かご》かき」か！　変な言葉使いやがって！　そしてウインカーを点《つ》け右に車を曲げた途端、ドカーンと後ろから車が突っ込んできた。

「わー！　あおり運転！」タクシーの角栄がうろたえる。

ドーン、さらにぶつけてきた車から、今の事故でそうなったのか歳でなったのか、ボロボロの年寄りがよろよろ這い出してきた。

「だだ……大丈夫ですか？」

「すいません、すいません、あおり運転を私があおったわけじゃないので」

角栄はペコペコして、ヨレヨレの年寄りを難癖を付けにきたヤクザか何かと思って怯《おび》えている。なんだこれは。

「あ」角栄はやっと相手がヤクザじゃないと気が付いた。「あんた、修理代出して下さいよ。うちのバックが黙ってないからな！」

「な、なにを。あなたが危ない運転してたんでしょう！」

「こちらはＣＤプレイヤーを積んでるんだ、ばっちり撮影済みだ」それを言うならドライブレコーダーだろ、と藤川は嫌になる。

「こっちだってナベが付いてんですよ」それはナビだ、とやっぱり藤川は泣けてくる。

この二人、警察が到着するまで相手に責任を擦《なす》り付け合っていたのだが、途中から互いの身の上話になってしまい、ついには田舎《いなか》自慢、孫自慢になってしまった。

「俺はどうすんだ！　お前等。俺は客だぞ、北千住まで連れて行けねえんなら、せめて面白がらせろ！　ほら、喧嘩《けんか》やろうとしてたろ、続けろよ、もう！」

藤川は事故を起こした爺様二人の間で地団駄《じだんだ》を踏む。二人は藤川の剣幕《けんまく》に恐れをなして俯《うつむ》いてしまった。

「あんた！　事故を起こしたの？　まあ、落ち着いて」

駆けつけた警官がまるで藤川をヤクザか何かのように注意する。

「なんだ客だったの、スジものかと思ったけど。あんた役者か何か？」

藤川はつい褒められたと思って頭を掻《か》いた。別に斬られ役か何かのつもりで言った警官の軽口なのに。

事故は怪我人《けがにん》が出たわけでもないので、お互いの会社や保険を使ってすぐ収まった。

やっとのことで焼き鳥屋「吉田」に到着すると、もう島田とゲンちゃんがいた。

島田は高校の同級生で、ゲンちゃんこと元木勝《もときまさる》は藤川がいた会社の元同僚、今は嘱託《しょくたく》として働いている。

二人の横に座ると、彼等は「遅かったな」とも言わず焼き鳥屋の親爺と三人でラグビーの話で盛り上がっている。藤川が乗っていたタクシーが事故を起こした話をすると、島田と親爺が「大丈夫かベンちゃん、そんな顔になっちゃって相当顔ぶつけたな！」「轢かれたのか顔？」とからかってきた。藤川の名前は勉《つとむ》だが、皆はベンちゃんと呼ぶ。

「顔轢かれたらポン煎餅《せんべい》みたいにペッタンコになっちゃうじゃねえか。タクシー乗ってたら後ろから爺の車にぶつけられたんだよ！　あ、それでさ、俺、現場に駆けつけたポリ公に役者か何かですかって言われちゃった」

「なんだそれ、顔がお笑いだからか」とは島田。

「不味《まず》いのは事故だけにしろよ、その顔で役者はねえだろ」なんて笑うゲンちゃん。

「揉《も》めてる爺さん二人を叱《しか》ってたら、どうも貫禄《かんろく》があって俺をヤクザに間違ったんだ」

「警官も視力悪いんじゃないの」これは焼き鳥屋だ。

「甘露《かんろ》煮《に》ならベンちゃんが好物だけど、貫禄はねえな」

「おい事故でどうかしちゃったか、頭大丈夫？」

藤川の浮ついた気分も二人に掛かると台無しだ。

「ベンちゃんの頭より車、大丈夫だったか？」

「道路渋滞したろ」

「迷惑掛けたな、他の人達に。この忙しいのに」

「お前等、俺に恨みでもあんのか？」

「ベンちゃん、たまにはいいじゃねえか、からかっても」

「島田、お前はセンスがねえんだ！」藤川はムキになる。

「団扇《うちわ》もねえ」

「もういいよ、二人の漫才はつまんねえ」

「ゲンちゃんまでそんなこと言うのか？」

「俺は関西出身だもの」ゲンちゃんは腕組みして、理由もなく威張った姿勢だ。

「関西ったって紅葉饅頭《もみじまんじゆう》じゃねえか」島田は昔、流行《はや》ったギャグのマネをする。

「広島ね」藤川も鬼の首を取ったようだ。

「しかしラグビー日本、凄《すご》かったな」と、取りなすように焼き鳥屋は話題を戻す。

「この親爺、焼き鳥食わそうと思って話を戻したな」

相変わらず四人揃《そろ》うと、ひたすら下らない事で盛り上がってしまう。

「ベンちゃんよ、ゲンちゃんの会社、ラグビー部作るらしいぞ」と島田が話を変えた。

「何だあの会社、野球が駄目だったから今度はラグビーで名前売ろうってのか！」と藤川がムッとしながら返す。「だから駄目なんだよ。親爺のとこみたいに焼き鳥一筋で我慢しなきゃあ。すぐ今の流行《はやり》を追っ掛けるからいつまでたっても会社がでかくならねえ」

「親爺の店だって焼き鳥ばかり何年やっても駄目じゃねえか！」

「変わんないのは味だけ、いつでも不味い！」

「島田、親爺に失礼だろう、不味いじゃなくて美味《うま》くないんだ！」

「同じだろう！」焼き鳥屋が唾《つば》を飛ばす。

「社長がこの間のワールドカップ見て興奮してさあ」

ゲンちゃんがまた話を変える。

「あの社長、ラグビーなんか知ってんのかな？」

「日本の活躍見て興奮したらしい」

「あの親爺、昔ラグビー見ていて、皆で球引っ張るから球が伸びちゃうんだとか、バスケットボールのゴールを見て、網破けてるの誰か教えてやれ！とか言ってたんだぞ」

「ゲンちゃん、野球部どうなんの？」

「うるせえ、ひまだ」ゲンちゃんがいつものセリフを吐く。

「島田です」

「残すけど、あまり予算が無いって」ゲンちゃんはネギマを噛《か》みしめる。

「ラグビーといえば、この間ＴＶで松尾雄治《まつおゆうじ》って昔のラグビー選手が出ていて、面白いこと言ってたぞ」とゲンちゃんが言う。

「ラグビーの松尾って、昔、野球の柴田勲《しばたいさお》とポーカーで捕まった奴だろう」

「そうそう。翌《あく》る日《ひ》、柴田がトランプ柄のセーター着てＴＶのインタビュー受けて笑われたんだ。可笑《おか》しかったな」

「根っからトランプ好きなんじゃねえか！」

「今なら大統領がジョーカーのセーター着れば盛り上がるのによ」

「洒落《しゃれ》の分かんねえ政治家は嫌だね」

「正月から中東で戦争おっぱじめようとしてたろ」

「でも何か最初から出来レースみたいでな、トランプと世界の何人かの金持ちがゲームしてんじゃねえか、嫌な麻雀《マージャン》みたいだな。こっちがカモだよ。イランのあの将軍とか気の毒だな」

「将軍、将軍っていっぱいいやがって、北朝鮮とか。ノリエガ元気かな」

「もう死んでるよ！　あのさ、面白い話ってのはさ、松尾が明治大学のラグビー部だった頃、先輩がオレンジ一〇〇パーセントのジュースを買ってこいと言ったら、後輩が一〇〇パーセントのジュース見つからないんで五〇パーセントのジュース二缶買ってきて足せば一〇〇だと言って渡したら、先輩、納得したって」自分で言いながらゲンちゃんが笑う。

「松尾の話だったら俺もいっぱい知ってるぞ」と藤川が言う。

「何？」

「あいつの親父は中小企業の社長だけど、松尾は父親から『勉強なんか出来なくてもいい、その代わり何でもいいからクラスで一番になれ』っていつも言われていたそうだ。ある日学校から帰ってきた松尾が『父ちゃん俺クラスで一番になった』と自慢げに言った。『そうか偉い、何で一番になった?』『座高の高さ!』」

島田やゲンちゃんはもちろん、親爺も焼き鳥が焦《こ》げてんのにゲラゲラ笑っている。調子に乗って藤川の松尾の笑い話は続く。

「松尾が子供の頃に犬を飼っていたんだけど、この犬がワンワン吠《ほ》えてうるさいので、〈ワンストップ〉っていう犬が鳴くと電流が流れる首輪を買って嫌がる犬に着けていたんだ。すると親父さんが帰ってきて、『お前等、何やってんだ! そんな物はまず人間が着けて試さなければ犬がかわいそうだろう!』って言って、裸になってパンツ一枚で〈ワンストップ〉を首に着けてワンと吠えた。そしたら電流が流れて親父がウーっと呻《うめ》いたら、その音にまた反応し電流が流れ、また呻いてを繰り返して、結局、救急病院に運ばれたそうだ」

三人の笑い声が止まらない。さんざん笑った後、焼き鳥屋の親爺が「でも松尾は新日鐵釜石で日本選手権七連覇したんだよな」と言った。

「そうだよ。六連覇の時の祝賀会で、釜石市長が松尾を笑わせたんだ。『この度、Vセックス（シックス）を交尾成功（神戸製鋼）相手に達成したスンニッテツ（新日鐵）釜石のナインの皆さんご苦労様です』って。馬鹿野郎、ラグビーは十五人だ！」

「なあベンちゃん、その話、もう何回も聞いたよ」

「面白い話は何回聞いても面白いんだ！」

「確かに松尾や長嶋茂雄《ながしましげお》さん、村田兆治《むらたちょうじ》さん、ガッツ石松《いしまつ》の話は何度聞いても笑うな」

「ひまだ！」またもゲンちゃんがモツ煮をかき込んだ口で言う。

「島田、です！」

「お前がそんなこと言うから、ベンちゃんが調子乗って同じ話ばかりすんだよ」

「じゃあもうしてやらない」藤川はセセリを嚙みながらそっぽを向いた。

「ほら、怒っちゃった」

「まだいっぱい笑える話あんだぞ。今度やる時は金取るから」話し足りない藤川は少し残念そうだ。

「それにしてもニュージーランドの奴等、がっくりしたろうな」

「イングランドの方ががっくりだろう」島田は酒を含んでゲンちゃんに応じる。

「何でイギリス関係で四チームも出られんだ？」とは藤川。

「ラグビー関係の発祥の地だからだろう」ゲンちゃんは頷《うなず》く。

「ナントカ関係とか言うの止めろよ。建設関係とかと違うんだぞ！」島田が割って入る。

「にわかだもの」藤川は酎ハイをあける。

「そうだよ」ゲンちゃんもすまし顔だ。

「日本でもオール東京とか大阪代表とか、いっそオール足立区なんてあったら笑うな。とくにオール足立区は凄そうだな。ニュージーランドやフィジーの入れ墨と違って唐《から》獅子牡丹《じしぼたん》入れたりしてさ。あとハカってあんだろう？」

「ああ、戦いの踊りだろ。ベロ出して相手を馬鹿にするヤツ」

「オール足立区もやればいいんだ、バカってヤツを」藤川が笑う。

「どうすんの？」と島田が訊く。

「まずベロ出して、両目の端を人差し指で下げて、鼻の穴に親指突っ込む」

「Wけんじのネタじゃねえか！」

「バカはこっからが違うんだ。相手に向かってパンツを脱いでチンポを出して立ててリーダーが怒鳴る。ガンバッテ、ガンバッテ、チンポ立てて、チンポ立てて、ウォークライ！」

「何言ってんだ、こいつは」とゲンちゃんが呆《あき》れ返っている。「だけど日本チームっていっても、活躍してんの外人ばっかりじゃねえか」

「リーチマイケルとか足の速いハーフの奴とか頭金髪の南米の麻薬犯人みたいのもいたぞ。ヤバいだろ、中継しちゃ。あれは」

「ベンちゃん、怒られるぞ！」ゲンちゃんが突っ込む。

「誰にだよ！　みーんな言ってるよ」

「やっぱりメジャーリーグの方が面白かったな。ワシントン・ナショナルズ凄かった」

またゲンちゃんが話を変える。

「両チームとも、勝ったのアウェイだけだものな」

「だけどカート・スズキ、日系で嬉しいけど、あの田吾作《たごさく》みたいな顔止めてくんねえか」

「ケンドリックって黒人も権兵衛《ごんべえ》みたいな顔だった」

「ゲンちゃん、野球に顔は関係ないだろう？」

「うるせえ、ひまだ！」

「し、ま、だ、です！」

「あるんだよ。大谷翔平《おおたにしょうへい》が田吾作みたいな顔だったら皆あんなに騒がないぞ！」

「そうかなあ、実力があればプロスポーツは顔、関係ないと思うけど」藤川が爪楊枝《つまようじ》で遊びながら言う。

「それにしても金稼げたり、仕事安定してる奴等はいいよな」

「あいつ、羨《うらや》ましいよな」

「誰？」

「ほら、菊池桃子《きくちももこ》ヤッちゃった経産省の偉い奴」

「ああ、新原《にいはら》とかいう奴だろ。どうせ東大かなんか出て次官になってその後天下《あまくだ》り何回かやって、老後も安泰《あんたい》だ」

「それに何故《なぜ》、菊池はなびいたか？」

「前の勝てねえプロゴルファーより全然いいんですよ」焼き鳥屋が笑う。

「そうだな、売れねえ焼き鳥屋だったら、勝てねえゴルファーの方が夢がある」

「焼き鳥屋、全滅じゃねえか」ゲンちゃんがニヤリとする。

「面白くねえ。このハツはやらねえよ」焼き鳥屋がゲンちゃんから串を奪う。

「なんだここ、いつから大喜利になった」

「島田の『マンション取られた充実人生』ってのも嫌だ」藤川が島田の肩を叩《たた》く。

「充実なんかしてないよ！　離婚するばかりか、住んでたマンションまで奥さんに取られた身にもなってみろよ」

「そういえばベンちゃん、今日タクシーで当てられたんだっけ？　大丈夫だったのか？」

藤川はやっとそこに戻ったかと少しウキウキする。

「皆みろ、ゲンちゃんのこの友達を思う気持ち、ありがたい。それに比べてお前等は何だ、顔轢かれたのかとか顔壊れたのかとか。なあゲンちゃん、ありがとう！」

「いや、今日はベンちゃんの奢《おご》りだと聞いてたんで！」

「そうきたか」

皆が笑っている所にこの店では珍しく若い女の子が二人顔を出して「開いてます？」と聞いてきた。

「満員でもお嬢さん達のためなら誰か追い出しますよ」

藤川が嬉しそうに向かいの席を指さした。焼き鳥屋の親爺はひさびさの知らない女の客で慌てている。

「何やってんだ親爺、まず飲み物を聞け！」

島田が親爺に指示している。

「お嬢さん達、ここの焼き鳥は美味《うま》いって北千住では有名なんですよ。どこから来たの？」とゲンちゃんがさっそく話し掛ける。

「私達ですか？　目黒です。千住のお友達が風邪《かぜ》引いて寝込んでいるっていうんでお見舞いに行ったついでに。お腹が空いてしまって」

「偉い！　友達の見舞いにわざわざ北千住くんだりまで。こいつらなんか俺がタクシーで事故ったのに、ただ笑ってるだけだ」

「さあ、なに焼きましょう？」

「オススメは何ですか？」

「何でもお勧めです、ただ不味い！」

「ベンちゃん止めてくれよ、少しは褒めてよ！」

「ああ悪い悪い。お嬢さん、焼き鳥はコラーゲンたっぷりで明日顔なんか見たらテカテカしちゃってミヤネ屋とか古舘伊知郎《ふるたちいちろう》、森進一《もりしんいち》、和田《わだ》アキ子みたいに顔がピッキピキに張っちゃって大変だよ！」

「褒めてないじゃねえか！　目黒にもおいしい焼き鳥あるんでしょ？」

親爺が焦って取りなそうとしているのに、「あるよ、目黒といえば焼き鳥！　でもあそこは焼くんじゃなくて炙《あぶ》るんだって、この間、沢尻《さわじり》エリカ様が言ってたぞ。ほら、目黒のマンションで小物入れの下のケースから見つかったクラブで貰ったたってヤツ。毎年、ＫＫＫの大河は大変だな」

「ＮＨＫだろ。なに言ってんだよベンちゃん……」

「エリカ様はシャブシャブが好きなんだっけ」

「ゲンちゃんも止めろよ」島田は苦笑いだが、止める気はさらさらない。

「でもこの子達に聞いてみたいよ」

「何を？」

「なぜ夢を追うスポーツ選手より安定した生活が保証されているジジイの官僚の方を女は選ぶのか、と」

「どうだいネーちゃん達？」島田が身を乗り出す。

「島田、ネーちゃんは止めろ！」

女の子は真面目な顔で「若い時なら我慢するけど、ある程度年齢を重ねると、やっぱり将来を考えるとねえ……」などと頷き合っている。

「やっぱりそうだよな、どうなってんだ森田《もりた》健作《けんさく》！」

「おいおい、森田健作は関係ないだろう」

「あるよ！　あの野郎、台風が来てるのに危ないからって、自分の家に帰りやがって。何が視察だ！　家までしっかり行けたじゃねえか」

「あのゴルフの練習場が倒れた場所、どうなったのかな？　正月なんて寒いだろ。近所の家の屋根、潰《つぶ》れていたぜ」

「あれは次の台風で起きて元通りになったそうだ。グーッと持ち上がってさ」

「嘘だい！」

「しかし笑っちゃうのはテレビ東京だ。千葉とか長野とかいろいろな所で鉄塔が倒れたりして停電してるのにやってた番組が、出川哲朗《でがわてつろう》の充電させてもらうヤツだって」

女の子達は「これぞ下町ね」なんて顔をして、ただ笑っていた。

「しかし台東区も不味いよなあ、避難して来たホームレスを追い返しちゃ。ヤクザも避難して来たんじゃねえか、でもヤクザだと身なりもまあだから通したりして」

「でもホームレスの連中、花見のシーズンになると隅田川の川縁《かわべり》、金取って貸すんだぜ。いい儲けらしい。なにせホテルはリバーサイドだもの。ヤクザと変わらねえシノギやってんだろ」

「腕っぷしはどうだろな」

「違う責め方があるんじゃねえの。下手《へた》に文句言うと弱者いじめになっちまうし」

「いじめって言えば、どっかの学校の先生も酷《ひど》いもんな。あれはダメだろう、ヤクザもホームレスも怒るぜ」

「でも、クビにならねえんだろ」

「まとめて島流しにしちまえばいいんだ。そういう奴等ばっかの島に」

「いじめ島」

「ヤクザは極道《ごくどう》島」

「イヤだなあ！」

常連客の品の悪さにあっけに取られた女の子達はしばらく笑った後、「お勘定して下さい」と帰る準備をし出した。すると、「お嬢さん、俺が奢りますよ」島田が急に言い出した。皆固まったが、「いいです」と女の子達はお金を置いて逃げるように店から出て行った。

「島田、何で奢るなんて言うんだよ！　金もねえくせに」

「いや、上手くこの後、スナックムーミンでも連れ込んで、きついカクテルでも飲ませれば、一人くらいヤラせてくれるかな、と……」

「お前は一体、いくつなんだよ！　中学生か？　みっともない」

「なに言ってんだよ、ベンちゃんとここでナンパして、ムーミンでカクテル飲まして二人でヤろうとしたことあったじゃねえか！」

「どれだけ昔の話だ！　あれはバブルん時だろ」

「そしたら、女が酒に強くて、ベンちゃんなんかゲロ吐いちゃって、女に介抱されて家まで送ってもらったんじゃねえか」

「お前だってすぐヤれるもんだと思って、すぐ出たら不味いってムーミンの便所でチンポいじってたら女に開けられてバレたんじゃねえか」

「二人ともみっともないよ、なあゲンちゃん」焼き鳥屋は泣きそうだ。

「親爺だって、二人の後でもいいって店閉めた後、ムーミン来たじゃねえか」

「つまる所、人間って誰しも犯罪者だよ、お前等はさしずめ、せこい強姦魔《ごうかんま》！」

「そういえば、ムーミンってまだやってんの？」

「まだあるよ」

「あの十勝花子《とかちはなこ》みたいなママいるの？」

「変なヘアヌード出しちゃったな」ゲンちゃんは往時《おうじ》を思い出そうと遠い目だ。

「古いね、野村沙知代《のむらさちよ》と喧嘩してた奴だろ」

「浅香光代《あさかみつよ》とも喧嘩してたな」

「野村沙知代が、だろ」

「そんなことどうでもいいよ。島田がママに入れ込んでいたんだよな？」藤川は一本取ろうとニヤついている。

「ベンちゃんだって、せっせと通ってたじゃねえか」

「そしたら、この親爺の愛人だったんだ。この美人局《つつもたせ》！」

「あんた達が勝手に勘違いしてたんじゃねえか！」

「嘘つけ、あのママが男に飢えてるって焼き鳥屋が言うから俺達は通ったんだ」

「やりたい一心で？」

「ゲンちゃん、そんな格好悪いこと言ってくれるなよ」

「じゃあ今は空き家か、店はないの？」

「知らねえよ、あいつ男好きだからな」

「いいねえ、男好き。ひさしぶりに三人で行ってみるかムーミン」

「じゃあ、店が暇になったら俺も顔出すよ」

「こんな焼き鳥屋、いつでも暇じゃねえか！」

焼き鳥屋の親爺を置いてムーミンというスナックへ三人は向かった。

昔と変わらず紫の灯《あか》りにカタカナでムーミンと書いてある看板が、酔っ払いに蹴《け》られたのかひびが入っている。三人だし酔った勢いと昔から知っているということでワアワア騒ぎながらドアを開けると、「いらっしゃい」と懐かしい声が掛かる。三人が店に雪崩《なだ》れ込むと、カウンターに一人座っている男が「うるせえ！」と怒鳴った。

「何を！」と思った三人が男を見ると、一〇〇人中二〇〇人がその筋《すじ》の人と分かるような顔と格好だった。知っておいて欲しい、暴力団関係者以外には考えられない人相というものが、この世界には存在することを。

三人はただ黙って男の反対側に座り俯いていた。

「なに飲む？」とママに聞かれ「ビール」と小さい声で島田が言った。

「他の人は？」藤川が「コップ三つくれればいいよ」と呟く。

カウンターの男が「三人でビール一本かよ、ママ、これじゃあ店潰れちゃうじゃねえか。お前等いい歳して恥ずかしくねえのか？」と迫力たっぷりに三人を皮肉《ひにく》る。すると藤川は弾《はじ》かれたように背筋を伸ばし、「ハイ！……ボール」と注文した。それに続いて「俺も、ハイボール」とゲンちゃんが頼んだ。

「ビールとハイボールかよ、この貧乏爺が！」

ワイングラスを回しながら、ヤクザ風の男が鼻で笑う。その手の指が欠けていないか、ゲンちゃんは必死で観察しようとしていた。

ゲンちゃんと藤川はしばらくの間、ハイボールを黙って飲んでいたが、親爺の店で飲んでいた酎ハイのせいもあり酔いが回ってきたゲンちゃんが「おい手前《てめえ》、貧乏爺って誰のことだ！」と、いきなりヤクザ男に怒鳴りつけた。

不意を突かれたのと、長年野球で鍛《きた》え、歳の割には体の大きいゲンちゃんに言い返され、男はちょっと戸惑って見えた。それを感じ取った藤川が、「手前、どこのヤクザか知らねえが、北千住にいてこの親分を知らねえのか！」と島田を指さした。藤川の脳裏には事故後に警官に言われた「役者」というキーワードが鳴り響いていたはずだ。

ポカンとしてる島田にゲンちゃんは「親分、すいません、こんな店に連れて来て。指詰めます、おい、包丁出せ！」とママに言うと、ママも何故か芝居に乗って「親分さん、すいません」と頭を下げる。

男の態度はあきらかに変わり、おどおどしている。

どうやら男はただ格好と顔がヤクザに見えるだけで、堅気《かたぎ》らしい。小さな声で「すいません……ちょっと……酔っていたもんで……」と男が言った途端、勝ちを確信した三人の猛攻撃が始まった。

「手前、いつから人の酒に因縁《いんねん》付けるようになったんだ！」

「この野郎、どこの組だ！　うちの組に喧嘩売ってんのか‼」

「いつでも買ってやるぞ！　その代わり何人死ぬか分かんねえぞ！」

「おい若いの呼べ、チャカ持ってこさせろ！」

「兄貴、また殺しですか？　うちの若い衆《し》、いま三人も勤めに行ってんですよ」

「じゃあ、お前が殺せ！　喉《のど》切ってやらあ、すぐだ‼」

三人の話を聞いていた男が急に土下座して、財布から一万円の札束を出してきた。

「すいません！　これで許して下さい。私ヤクザでも何でもありません、浅草で煎餅屋をやっておりまして、今度から格好や口の利き方に気を付けます！」

それを見て藤川が「親分、どうします、はした金ですが？」と島田に訊いてきた。

島田もいつの間にか親分になりきり「まあ、許してやれよ。お前等、喧嘩っ早くって駄目だ、兄さん悪かったね」と貫禄を出している。

「いえ、悪いのはこっちです。どうもすいません」

そこに遅れてきた焼き鳥屋の親爺がドアから顔を出した。

「悪い悪い、珍しくちゃんとした客が入ってさ」言いながら皆の様子を見て、「どうしたの？」とポカンとしている。そして土下座している男を見て、「煎餅屋さんどうしたの？」と訊ねてきた。

三人は焦って「親分帰りましょう」と店から出て行こうとする。

「ベンちゃん、ゲンちゃん、誰が親分なんだよ、ちょっと待てよ」

三人は親爺の制止を振り払い店を出ると、急ぎ足で焼き鳥屋へと向かった。追い掛けて来た親爺と店に戻り、さっきの事件の詳しい話を聞かせる。

「あの人はいつも派手で、よくヤクザと間違えられるんだ。それで金取っちゃったの？　ママは何にも教えてくれなかったのか？」

「ママもヤクザと思ったんじゃねえか？」

「そんなわけねえよ。俺、あの煎餅屋と何回かムーミン行ったことあるもの！」

「どうすんだよベンちゃん、バレてんだぞ」

「島田、お前明日、煎餅屋に金返してこいよ」

「やだよ。誰か一緒に行ってくれよ」

「ママに頼めばいいじゃねえか。親爺、スナックに届けてくれよ」

「しょうがねえな、今から俺が行ってくるよ。まだ煎餅屋、いるかもしれねえし」

「じゃあ、これ」と言って札束を出したが、藤川がめざとく「島田、金そんなに少なかったか、二十万はあったろ?」

「バレたか!」

「ひまだ!」

「島田です」

「しょうがねえなこいつは。ギリギリでもボケる!」

結局親爺が上手く煎餅屋をなだめて帰ってもらい、ママにも迷惑料として一万円置いてきてまるく収まった。

「結局、あのママとヤッたのは親爺だけか。何だよ、気を持たせやがって」藤川がボヤく。

「えっ、島田もヤッてるだろう?」

「俺はしてないよ」

「そうか? 前に泌尿器科に行ってたろ。その後、俺がお前の病気を移されたんだ」

「何だよ、ゲンちゃんもヤッてたのか。おい親爺、チンポ掻《か》くんじゃねえ!」

親爺は暖簾《のれん》を仕舞ったが、そこはそれ、焼き鳥を食べながらまた四人が喋り出す。

「今年はもうオリンピックだな」

「買収したってヤツだろ。リオもバレてブラジルは大騒ぎだったけど、あんなもんどこでもカネで買ってるよ」

「なんだあの国際陸連の」

「パパとかババとかいう奴?」

「パパマッサタだろ? どんだけ稼いでたんだ」

「バッハ会長は儲けてバッハハだな。音楽家の末裔《まつえい》かなんかか」

「予算もすげえオーバーしてるんだろ、俺にくれよ！」金欠気味のゲンちゃんは涙目だ。

「数千億とかの話ばっかで、いきなり二千万とか言われて『安い！』なんて思うけど、二千万なんて拝《おが》んだことねえよ」

「なんだ都知事、北千住の住人に説明しねえで勝手にいろいろ進めやがって。俺等のここは東京じゃねえのか！オカメインコの駄目な奴みたいな顔してよ」

「前は美人だったんだ、麻薬でとっ捕まる前は歌なんか歌ってよ。外国籍だろ、なんで都知事になれたんだ？」

「それ、桂銀淑《ケイウンスク》だよ！」

「前のオリンピック、俺たち知ってるもんな。国立競技場なんかよ、建て替える必要あったのか？　前より酷くないか？」

「まあなあ、あの競技場、空から見たらアソコみたいらしいね」

「それにしても爺になったたな！」とは焼き鳥屋。

「ベンちゃん、聖火ランナーは陸上部の山田って奴だったっけ？」

「そうだよ、俺もゲンちゃんも日光街道で日の丸の旗持たされて応援させられたな」

「あと、客が入らない国立競技場や後楽園とか体育館に行かされたりした。重量挙げとかつまんなかったなあ」

「インド対パキスタンの陸上ホッケーの試合見せられてさ。両チームともターバン巻いて髭面《ひげづら》で、大腿骨《だいたいこつ》みたいな棒で球ひっぱたいてるんだけど、どっちがどっちだか判んねえ」

「そういえば、マラソンは北海道なんだろ。北方領土でやりゃいいじゃねえか！」

「捕まっちゃうよ、ロシアに」

「捕まった奴は失格だ」

「東京オリンピックなのに何で東京以外でやんだ？」

「熱中症の対策だろ。まあ確かにマラソンなんか倒れるぞ」

「いいんだよ、死んだって。『走れメロス』を読め！」

「トライアスロンだってお台場の海の大腸菌、規定の二倍らしいぞ」

「よく分かんねえけど、便所水で泳ぐようなもんだろ」

「どうせならもっといっぱい菌を入れなきゃ。サルモネラ菌とかO－157とか入れて、生き残った奴が優勝！」

「荒川で泳いだ俺らの方がよっぽど金メダル候補だな」

「ホント、汚《きたね》え川だったなあ、よく生きてたもんだ」

「さっきから聞いてれば、何で生きるか死ぬかで勝敗が決まるんだよ！　それよりさ、台風の季節にやるんだから、風や雨が凄い日に一〇〇メートル走なんかやったら追い風参考二秒とか、向かい風で一〇〇メートル三時間なんてことになるんじゃないか」

「なるか、ひまだ！」

「島田」

「そんなことより、もっと面白い競技を考えた方がいいぞ、客が喜ぶような」

「ベンちゃん、どんなの？」

「三段跳びとかあんだろ？」

「ああ、ホップ、ステップ、ジャンプの。大昔、日本が強かった競技だろ」

「つまんねえから、変えるんだ。ホップ、ステップ、横！」

「何だよ、ベンちゃん、急に横に跳ぶの？」

「じゃあ、ホップ、ステップ、跳ばない、はどうだ？　その方が前に突っ込まなくていいじゃねえか」

「ダメだよスポーツなんだから。ホップ、ステップである距離を跳ばないと反則になる。だから前に跳ぶんだけど、その後、急に横に変化するのはどうかな。その距離が記録だ」

「そしたら記録は一メートルとか二メートルくらいじゃねえか」

「じゃあ、砲丸『うえ』投げはどうだ！」

「どんな競技だよ？」

「それはお前、砲丸を体の上に投げて一番近くに落ちた奴の勝ちだよ」

「あぶねえじゃねえか」

「そのくらい命懸けでやんなきゃ、つまんねえ」

「優勝者の記録は五センチとか」

「もっと近いよ、三ミリとか、審判がノギスで測るんだ。トトカルチョの対象にしてみろよ、死ぬか生きるかで盛り上がるぞ」

「見てる奴、つまんねえじゃねえか」

「何だ、親爺まで。じゃあこれは笑うぞ」

「なに？」

「男子ネイキッド・シンクロナイズド！　フルチンだ」

「聞いただけで笑うな、そりゃ！」

「だろう、七、八人の男がフルチンでプールサイドに現れて、ちょっと踊ってプールに飛び込む。そして水面から足が出てくるわけだけど、凄いぞ、チンポに玉ぶら下げて、烏賊《いか》の顔みたいな奴が出てくんだ、笑うぞ」

「そんなのどこの国がやるんだ?」

「パプアニューギニアとかあんだろう」

「あそこはペニスキャップ付けてるから駄目だ」

「最後に皆でペニスキャップを同時に外してポーズだ」三人ともパプアニューギニアを知らないのに大威張りである。

「そうなりゃ大歓声だな!」焼き鳥屋も無責任に喜んでいる。

「あと、短距離で一メートル競走とか、円盤乗りはどうだ?」

「何だよ、円盤乗りって。宇宙人じゃねえか」

「じゃあ、体操の首輪ってのはどうだ?」ゲンちゃんも勢いだけだ。

「どういうの?」

「吊《つ》り輪の輪の中に首を入れて何分持つか、時間の勝負」

「ただの首吊りじゃねえか」

「生き死にの問題は面白いけどなあ。じゃあ按摩《あんま》」

「あん馬だろ？」

「違うよ按摩だ。相手と按摩し合って、早く寝かせたら勝ち」

「何だよそれ、客が喜ばねえよ。トトカルチョもなんだか振るわないんじゃないの。もっといいのねえの？」

「じゃあ、十種競技だ」

「走ったり、槍投げたり、跳んだりするヤツだろ。鉄人だ！」

「いやいや違う、そんなじゃ駄目だよ。近代スケベ十種競技だ」

「ヤな予感してきたぞ……」

「痴漢、盗撮、覗き、山羊《やぎ》とヤる、ヒロポン、大麻、コカイン……」

「話が違う方向に行き出したぞ、止めてくれ。もっと本当にやれそうなのないの？」

「じゃあハンマー自分投げ。ハンマー投げて引っ張られて自分が飛ぶ」

「もっと酷くなってきた！」

「なあ、オリンピック選手同士結婚すると、どういうセックスするんだろう？　すげえだろうな。レスリングなんか女がブリッジして体反《そ》らして男が上からのし掛かるが肩は着かない、二人がグルグルローリングするんだ」スケベな島田が楽しそうに言う。

「じゃあカーリングなんかあれだな、女が部屋の反対側で股《また》開いて待ってると座布団に乗った男を皆で狙《ねら》って押し出す。するとチンポ出した男が股開いた女に向かってチンポを入れにいく」

「棒高跳びの場合は、裸で寝てる女にチンポ立てて走ってきて、股の間にチンポ立てて浮き上がる」

「リレーは先に裸で走ってる女のケツにチンポをバトンにして差し込む、これは気持ちよさそうだ」

三人の話を親爺が呆れながら聞いていると、珍しく客が一人で入って来た。

「暖簾片付けてるみたいだけど、いいですか？」

「ええ、どうぞどうぞ」焼き鳥屋はニッコリ笑う。

皆は話を止め、その客に注目した。あきらかにカツラである。その途端、皆我慢できなくなり、三人は下を向いて笑いを堪《こら》えている。しかしさすが親爺は商売人だけあり、表情を一切変えずに「何か、飲みますか？」と訊く。

「ビールと焼き鳥二、三本。あと皮ある？」

「すいません皮、今日は終わっちゃったんです」

やり取りを見てた藤川が「皮なんか自分のチンポの皮でも出せ、あの親爺、包茎《ほうけい》のくせに」と囁《ささや》く。

「昔、皮伸ばして水はって金魚飼ってたんだよな！」

「ひまだ！」

「島田、です！」

「よせ、聞こえてんぞ」

「え、カツラですか？」

「島田、止めろって！」

「ひまだ、です！」

「逆だ、止めてくれ」

聞こえているのだろう、男はイライラした様子でビールを呑みながら煙草を吸っている。そして三人がひたすら笑いを堪えて下を向いてると、「ご馳走様」と言って男は千円札を一枚置いて、店を出て行ってしまった。

「ほら、お客さん、気分壊して帰っちゃったよ」

「焼き鳥が不味かったからだよ」

「まだ食べていないよ！　なあ頼むから、お客のカツラ見て笑うなよ」

「だってバレバレなんだもの。世界まる見えテレビのタケシのカツラみたいだった」

「でもあの客の頭は凄い」藤川が笑いながら言う。

「どこが？」

「だって、煙がオデコから頭の中に入って、襟足《えりあし》から出て来てたぞ。これぞ無煙ロースター頭！」

「何だよそれ！」

「この間、新幹線でルンバ頭、見たぞ」

「自動掃除機のルンバ？」

「掃除機じゃねえよ、ルンバ頭」

「新幹線で？」

「新幹線に乗ってたら、寝ていたらしい隣の席の奴が、急に起きて便所に行こうとしたんだ」

「そうしたら？」

「背もたれの所に白いカバーが付いてるだろ、それが捲《まく》れていて、両面テープが剥き出しになってたんだ。それにそいつのカツラが付いてしまってさあ。そいつ、三歩くらい歩いてそのことに気付いて、そのままの向きで三歩下がって席に座って頭をカツラにセットした、つまり充電しに戻って来たんだ。これを我々はルンバ頭と呼ぶ！」

「ケーシー高峰《たかみね》みたいになっちゃったぞ」

藤川はゲンちゃんと顔を見合わせ大笑いだ。島田は話を戻そうと考えているらしい。

カウンターに置きっぱなしの週刊誌と新聞を手元に引き寄せた。

「でも、オリンピックで儲けてる奴、いっぱいいるだろうな。森喜朗《もりよしろう》なんて怪しいな。死んじゃうとか大騒ぎで自伝書いて、まだピンピンしてるぜ」

「あいつ、ビートきよしみたいな顔しやがって」

「さんざん芸能界じゃ闇《やみ》営業とか騒がれてたけどよ、儲けとか考えたら、オリンピックでしゃしゃり出てきて騒いでるタレントとか文化人の方が怪しいだろ。いくら貰ってんだ」焼き鳥屋がしたり顔で言う。

「カッコつけやがって、久米宏《くめひろし》か！　テメエの焼き鳥屋の方がヤミだろ、営業許可どうなってんだ、ヤミ鳥屋！」島田が唾を飛ばす。

「ちゃんとあるよ！　ベンちゃんやお前等の方が、さっきヤミでヤクザやってたじゃないか。ヤミ・ヤクザって聞いたことねえよ！」焼き鳥屋も負けてない。

「それを言うならイメージ・ヤクザだよ」ゲンちゃんが笑う。

「イメージ・クラブがイメクラなら、こっちがイメヤクか」島田が手を叩く。

「キメてもねえヤクみたいで間抜けだな」藤川は苦笑する。

「親爺はイメージ・焼き鳥でイメヤキ」島田はしつこい。

「頭ん中で食っても不味い！　どうだ！」

「ひまだ」

「島田です！」

焼き鳥屋は分が悪いと思ったか、話をオリンピックへ強引に曲げようと決めた。

「でもさ、国立競技場は前の設計、あっちがカッコいいんじゃねえかなと思ったんだけど」

「あの、グニャっとした形だろ？」

島田は焼き鳥屋の誘導にも柔軟についてくる。三人はそういう意味で手練《てだれ》なのだ。

「金が掛かるからボツになったらしいぜ」ゲンちゃんも喋りに貪欲だ。

「だから、姉歯《あねは》に設計させてその下請けから鉄骨買えば、時間が経てばグニャっと歪《ゆが》むっていつも言ってるだろう」藤川だって負けてない。

「なあ、テコンドーと空手ってどこが違うんだ?」

「そりゃあ、理事長の頭が違う。テコンドーの会長は凄い」

「元会長だろ」

「いいんだよ、そんなこと。問題なのは、包丁で切ったスポンジみたいなあの頭だ」

「よく包丁の宣伝で、マグロは高いからスポンジで、ってやってるヤツか」

「テレビのCSでよくやってる?」買い物好きで変なシジミのサプリから青汁、疲れないクッションまで持っている藤川は身を乗り出す。

「劇画みたいな顔のな、でもオリンピックとかスポーツもひでえけど、桜を見る会ってのもひでえな!」

「安倍晋三、爺ちゃんの岸信介と親父の安倍晋太郎に似てきたな」藤川はタクシーの運転手が佐藤栄作だったり、角栄だったりしたことを思い浮かべている。

「なんだあの嫁は! アッキーだとか、金持った変なおばはんだろ」ゲンちゃんが勢いづく。「ラッキー、ポッキー、ボッキーだったらいいけどさ」

「何がいいのか分かんねえよ！」

「桜金造《さくらきんぞう》とかさくらと一郎、琴櫻《ことざくら》なんかを安倍総理が呼んでなー」

「いつの時代の話だよ！って、ゲンちゃん、もうボケるの止めようよ」

「だってあれ、下らねえだろ。税金使って、何だよ呼ばれた芸人もみっともねえ。あれこそ闇営業だろ！」

「そうだ俺達のイメージ・ヤクザよりタチ悪い！」

「何で俺達を北千住代表で呼ばねえんだ？」

「そりゃあ、選挙区が違うもの」

「知り合いの仕出し屋に料理を優先して出させて儲けさせてたんだろ、俺の焼き鳥屋もやらせてくれよ」

「しかし、鳩山由紀夫《はとやまゆきお》ってのはしょうがねえな。自民党が桜を見る会の疑惑から注意を逸《そ》らすために沢尻エリカを捕まえたんだって真面目な顔で言ってたぞ」

「沖縄の時もそうだ」

「最低でも県外、ってヤツな」

「結局、沢尻エリカは検査しても陰性だったんだろう？」

「たまにやってただけだから、検査に引っ掛からなかったんだろうって」

「そんなに長く我慢出来んのかな？」

「安いヤツやってたからだろ。高きゃあ絶対すぐやりたいと思うもの」

「親爺、詳しいな。流石ヒロポンで鍛えただけある」

「よせよ。でも俺達の親父の時代には、ヒロポン、薬局で売ってたんだよな？」

「そうだよ。子供の頃風呂屋に行くと、『ヒロポンは禁止です』って脱衣所に貼り紙があった」

「最近の子はあぶねえよな、何でも手出すし」

「親爺の所の倅、今日は何してんだ？」

「あいつ、店手伝わねえで、またYouTubeってのをやってるよ。金稼ぐんだって」

「中風《ちゅうふう》なんて酒飲んでりゃ自然になるよ」

「それは脳梗塞《のうこうそく》でなるヤツだろう！」

「知ってるよ。何か変なことしてコンピューターに流して金貰うんだろ。真面目に焼き鳥屋継《つ》げって言ってやれよ。そんなことしてると俺みたいになっちゃうぞって」

「何だよ、焼き鳥屋が悪いみたいじゃねえか⁉　でもこの間、親父、金貸してくんねえか、なんて言うから、何に使うんだって聞いたら、漫才師になりたいなんて言い出したんだよ」

「バカじゃねえか、お前の倅。吉本かなんかの漫才学校行きたいって？」

「最近は学校行かないと漫才師になれないんだって」

「昔はバカで金も無いから漫才師になったんだ。今は金出さなきゃなれねえのか？」

「ベンちゃん、今では何の商売でも学校みたいなのがあって、金掛かるらしいぜ」

「じゃあ家が貧乏な奴はチャンスがねえのか？　野球もゴルフ、サッカー、ヤクザもだめなのか？」

「ヤクザは分かんねえけどな」

「ヤクザだって親分に金持っていくと出世するらしいぞ」

「今は何でも金だよ。出前だって店と客の間で頼まれたものを何でも配達する商売が流《は》行《や》ってるんだって」

「女も配達してくれるかな？」

「デリヘルじゃないんだから」

「お前まだデリヘルなんか興味あんの？」

「チンポ勃《た》つのか？」

「ああ」

「嘘つけ！　この間サウナ行ったら、猿股《さるまた》の横からチンポ垂れ下がってたじゃねえか」

「あれ、かっこ悪いよな。俺こないだ、球《たま》ジャーっての考えたんだ、ブラジャーに対抗して」

「売れねえよ」

「最近はパンツとかトランクスって言って猿股って言わねえな」

「親爺、パンツと猿股は違うんだ」

「えっベンちゃん、どこが違うの？」

「パンツはゴムが腿《もも》を絞めるから玉が出ない、特にサウナの猿股は玉が横から出る」

「爺さんだからだろう」

「この焼き鳥屋の親爺とレストランのシェフの違いと同じだ」

「何だよ、俺とレストランのシェフが違うっていうの？」

「レストランのシェフは若いウエイトレスに手を出す、ここの親爺はバイトのオバさんに手を出す」

「出さないよ！」

「支配人と番頭の違い」

「支配人は売上金を誤魔化《ごまか》す、番頭は売り物を盗む」

「こりゃ、笑点みたいになってきたな。じゃあパンマとパンパンの違い、どうだ？」

「島田、お前いきなり下品だな。パンマは男が脱ぐ、パンパンは女が脱ぐんだ」

「馬鹿と間抜けはどうだ？」

「よ、ゲンちゃん乗ってきたな。馬鹿はウンコ垂らす、間抜けはそれを踏む」

「皆もっと綺麗《きれい》なヤツでやろうよ」

「親爺は我《わ》が儘《まま》だな。どんなの？」

「湖と沼の違いとかか？」

「それはよく笑点でやってたヤツだ、つまんねえ。綺麗な女が飛び込むのが湖でブスが飛び込むのが沼だ」

「パスタとうどんは？」

「手で捏《こ》ねるのがパスタ、足で踏むのがうどんだ」

「いいねえ、焼き鳥なんか食ってる場合じゃねえや」

「よせよ、何か頼め」

「ネギまとまネギの違いは」

「普通に鶏肉の間にネギが入ってるのがネギま、ここみたいにネギの間にちょっと鶏肉が付いているのがまネギ」

「そんなに酷くねえよ！」

「この親爺は鳥インフルエンザで儲けてんだ」

「何で俺が鳥インフルで儲けんだ」

「インフルエンザに罹《かか》った鳥は殺処分だろ、それ拾ってくる！」

「そんな事できねえよ、うるさくて！」

「やろうとしてるじゃねえか！」

「じゃあ気分を変えてセンスで勝負」

「大丈夫か、ひまだ？」ゲンちゃんは飽きない。

「島田です。ゴムとコンドームの違い」

「ゴムは自分で買う、コンドームは店にある」藤川は得意げだ。

「何だいそれ」

「オナニーと手淫《しゅいん》は？」

「オナニーは外人の写真、手淫は小向美奈子《こむかいみなこ》」やっぱり藤川は得々《とくとく》として言う。

「何で小向美奈子になっちゃうの？」

「沢尻エリカでもいい」

「わけ分かんなくなってきた」島田は頭を抱える。

「ヒロポンと覚醒剤は？」

「かしまし娘《むすめ》の姉さんがやってたのがヒロポン、田代《たしろ》まさしがやってたのが覚醒剤」

「インポと不能は？」

「女によってヤれるのがインポ、デキないか金が無いのが不能」

「何でウンコが大で小便が小なんだ？」

「知らねえよ、そんなこと」

ゲンちゃんがまた眠たそうにしている。

「ゲンちゃんまた寝ちゃうのか？　眼鏡赤く塗っちゃうぞ」

「俺もう、会社辞めようかな。疲れたよ」

「辞めてもいいんだろ、年金貰って充実人生やれば！」

「島田、そう簡単に年金暮らしは出来ねえよ。俺なんかいくらも貰ってねえぞ……」

藤川は悲しそうに呟いた。

「どうなってんだ厚労省！　一〇〇年安心なんて田吾作みたいな大臣が言ってたけど駄目で、政権が代わって民主党の大臣がコンピューター使えば消えた年金はすぐ判る、なんて言ってたけどもっと判んなくなった」

「こうなりゃあ、誰か国会議員に立候補するか？」

「親爺、お前が出ろ！」

「ベンちゃん、この親爺、何にも知らねえぞ」

「それがいいんだ。桜田とかいうコンピューターのこと何にも知らねえでサイバーセキュリティの大臣やってた奴がいたろ？」

「大臣になってても裏で菊池桃子の旦那みたいのが、首尾《しゅび》よくやってんだ」

「ちきしょう、あいつもう菊池ヤッてんだろうな！」

「何の話だよ、ひまだ！」

「島田、です！」

「前に三人で選挙公約作ったよな？」

「目茶苦茶《めちゃくちゃ》な公約だったな」

「月亭可朝《つきていかちょう》だって一夫多妻制が公約だったぞ」

「だからやっぱり落ちたじゃねえか。立候補するのに金掛かるんだぜ」

「だから作戦を考えよう。あったろう、ＮＨＫをぶっ壊すってＮ党とかいうの。あれだよ、目指せ〈ワン異臭《イシュー》〉だ」

「字が違うんじゃねえか。イシューって英語だろ、変な臭いでどうすんだ」

「いいよ、何でも。じゃあ〈寝たきり老人党〉ってのはどうだ。れいわ何とか組も当選したじゃねえか」

「まずは公約がないと」

「何だ親爺、偉そうに。焼き鳥半額法案作るぞ！」

「何で焼き鳥屋が苦しまなきゃならないんだよ」

「庶民《しょみん》の食い物だから安くしなきゃいけないんだよ。労働者は搾取《さくしゅ》されている。俺、本書こうかな、『焼き鳥工船』」

「小林多喜二《こばやしたきじ》だ」

「流石《さすが》ゲンちゃん嘱託管理職、戦艦ポチョムキン、イワン雷帝、エイゼンシュテイン、リーフェンシュタール」

「意味がねえな、ナンセンス！」

「ナンセンストリオ！」ゲンちゃんは天井《てんじょう》へ叫ぶ。

「リーフェンシュタールはベルリンオリンピックの映画監督だ。公約だよ、公約！」

「まず、ヒロポン配給、国立姥捨て山《うばすてやま》の設立、核軍備、徴兵制」

「何かいつも同じようなこと言ってるな」

「そうか、どうしてもそっちに行っちゃうな。七十五歳以上は死刑」

「それも何度も言ってるし、俺たち殺されちゃうよ」

「この間、乙武《おとたけ》がホーキング青山にあおり車椅子やられたって言ってた」

「ひでえこと言うな！　なんだよそれ」

「今、車の問題が社会を騒がしてるから」

「北千住ではよくあおり歩きがあったよな？」

「ヤクザのタカリじゃねえか！」

「最近、爺のあおり自転車を見たぞ」

「ヨロけているだけだよ！」

「そのうち、あおりラーメンとかあおりタピオカとか現れるぞ」

「何だよそれ？」

「ラーメン屋に入るだろ。ラーメン出ると、店主が待っている奴がいるから早く食え！ってあおるんだ」

「じゃあ、あおりソープやあおりヘルス、あおり焼肉……何でもあおれるじゃねえか」

「あおりソープなんか大変だよ。次の客が早く終われって傍《そば》であおるんだから」

「それで連れの女がスマホで撮影すんだろ」

「しかし何だ、タピオカってのは？」

「粒粒の入った飲み物だろ。でかいんだよな」

「タピオカハツエって昔スターがいたのお前等、知らねえだろう！」

「誰だよ、知らねえよ！　朱雀《すじやく》さぎりは知ってるぞ。あとジプシー・ローズも昔は腰を三回転以上グラインド出来なかった」

「何で？」

「猥褻《わいせつ》だって」

「日劇には泉和助《いずみわすけ》って有名なコメディアンがいてな」

「ウエスタンカーニバルにコメディアン出てたの？」

「日劇ミュージックホールの事だよ」

「ウエスタンカーニバル、懐かしいな。ミッキー・カーチス、平尾昌晃《ひらおまさあき》、山下敬二郎《やましたけいじろう》がいてさ。歌うとファンがテープ投げるんだ。それが凄い量で、歌手が見えなくなっちゃう」

「今の浅草ロック座も凄いぞ。AVの女優が出ると、ファンが皆テープを投げるんだ。そしてすぐそれを巻き戻す。琵琶湖《びわこ》のキャスティング大会みたいだ。俺もやってみたらブラックバスが付いて来た」

「嘘つけ！」

島田が急に遠い目をして、ため息をつく。いつも盛り上がると寂しくなるという悪い癖だ。

「選挙に出ても駄目だし、何かねえかな？　やんなっちゃったなあ」

「あれどうだ、桜を見る会を真似《まね》ようよ」

「五千円で前日にホテルでパーティーやってたやつだろ。できるわけねえよなあ。あとは税金か？」

「流石に今年はやんねえんじゃねえか？」

「だから一年後に新宿御苑《しんじゅくぎょえん》に上手く入り込んでさ、佐倉惣五郎《さくらそうごろう》みたいに皆の声を紙に書いて『お願いでございます！』って正座して総理大臣に直訴《じきそ》するんだ」

「何をお願いすんの？」

「不景気で焼き鳥屋が潰れそうですって」

「そんなこと、どうでもいいんだよ！　年金問題で苦しんでいます、とかあるだろ!!」

「粘菌《ねんきん》ってのは単細胞生物で動物でも植物でもないんだよな。脳はないけど考えて行動する珍しい生き物で、昔は南方熊楠《みなかたくまぐす》が研究していて……」

「粘菌じゃなくて年金だよ、ゲンちゃん！」

「ゲンちゃんは博学だから」

「だから嘱託管理職なんだ」

「嘱託は止めろ！　ただの管理職でいいじゃねえか！」

「でも、どうやって桜を見る会に入り込むんだ。うるさくなるぞ、安倍の時に野党が名簿出せって騒いだんだから」

「芸能人が沢山来てるんだろ。だからオカマの格好で行けばバレねえんじゃないか？」

「ＩＫＯとかはるな愛、マッコ・デラックスなんてよく行ってんだろう。だから化粧して行くんだ」

「マッコは行ってないらしいぞ」

「もし名前、聞かれたら何ていうんだ？」

「適当にありそうな名前考えろ！」

「何かいい名前、あるかな？」

「親爺は焼き鳥屋だからな……カルーセル・チキンでどうだ？」

「いそうじゃねえよ！」

「じゃあ、チキン・デラックスは？」

「チキンは鳥だろ！　デラックスなわけないよ」

「チキータは？」

「千田《ちだ》って奴から金取って南米に逃げた奴じゃねえか」

「それはアニータだろ。チキータはバナナだよ」

「焼き鳥は忘れて、吉田で行こう」

「じゃあ、ショート吉田」

「阪神の名選手じゃねえか」

「吉田君のお父さんは？」

「ひょうきん族の牛の吉田君の親父だ」

「ジャイアント吉田？」

「ドンキーカルテットで小野ヤスシとやっていたバンドマンだ」

「小野ヤスシは昔、いかりや長介とドリフターズやってたんだぞ」

「そんなこと、どうでもいいんだよ！」

「吉田は出てこねえな、吉田総理の孫ってのはどうだ？」

「麻生太郎《あそうたろう》にバレるだろう！」

「そうだ、メイクして吉田沙保里《よしださおり》で行こう！」

「本人が来たらどうすんだ。国民栄誉賞だぞ。捕まったら死刑だ！」

「俺、死刑なんてヤダよ。お前達も自分の事を考えろよ、俺ばっかりじゃねえか」

「ベンちゃんは、どうすんだ？」

「ベンちゃんか……ベン村さ来ってはがき職人がいたな」

「オールナイトニッポンじゃねえか」

「ベン・ケーシーたって昔のドラマだし」

「外人だよ」

「水上ベン」

「つとむ、だよ！」

「ベン・デラックスだとウンコいっぱいみたいだな！」店内に笑い声が響く。

「笑うな！」

「ゲンちゃんも駄目だな、はだしのゲンなんていったら、反戦運動家みたいだし」

「元木勝だから元木でいいじゃねえか」

「ジャイアンツの元木はどうだ！　本物も大して活躍してねえだろう。招待してねえよ」

「ラグビーの元木もマニアックだしな」

「昔、青江《あおえ》のママってのがいたけど元木のママじゃあな」

「なあ、これならいけるかも！」

「何だよ、ベンちゃん？」

「林家ペー・パー子だ。ピンクの服着てキャーキャー言いながら写真撮ってれば分かんねえよ！」

「いいとこ気付いたなベンちゃん」

「何でこんな話になっちゃったんだ？」

「あれだよ、桜を見る会で佐倉惣五郎みたいに総理に訴えるために、呼ばれた芸能人になりすますかっていうことで、オカマの芸能人ぽい名前を考えていたんだよ」

「そうか……じゃあ勉《ベン》ハーってのはどうだ？　チャールトン・ヘストンで有名だ」

「ああ、また始まった」

「いっぱいあるな。ベン・クレンショー、マイケル・ジャクソンの『ベンのテーマ』って曲もあるぞ」

「言ってることが何にも分かんねえよ！」それは最初からこの三人の話に当てはまる。

「はるな勉っての は臭そうだな」

「芸名っていうとさ、島田がねえな？　有名なのはあるか」

「島田洋之介《ようのすけ》、今喜多代《いまきたよ》？」

「大阪の昔の漫才じゃねえか」

「Ｂ＆Ｂの島田洋七《ようしち》の島田だ」

「ふーん、島田紳助《しんすけ》もそうか。今いくよ・くるよもそうか」

「中田はダイマル・ラケットだ」

「何か、漫才教室みたいになっちゃったな。漫才以外なら島田陽子《ようこ》に島田正吾《しょうご》」

「お前の倅に教えてあげたいよ、昔は誰でも師匠に付いて修業したんだって」

「結局駄目だなあ、桜を見る会は」

「他の方法を考えよう」

「そういえば去年は変な事件あったなあ、女の子が大阪から栃木だっけ？　三十五歳の男に連れて行かれて、そこに十五歳の女の子がいて、ＳＮＳで知り合って男の家に住んでたっての」

「変な時代だなあ」

「親爺の所の馬鹿息子、大丈夫か？　YouTubeやったり漫才師になろうとしたり」

「馬鹿ってことねえじゃねえか」

「悪かった。頭の不自由な人」

「余計悪いよ！」

「いいんだよ、馬鹿より。チビは駄目だけど、身長の不自由な人って言えばいい」

「怪しいな」

「今の子、スマホで何でも知ってるぞ。知識だけは大人並みだけど、経験が少ないから怖いんだよ」

「おいゲンちゃん寝てるぞ」

「また、眼鏡赤く塗って、火事だ！って怒鳴ってみるか？」

「もう、引っ掛からないだろう」

以前、寝ているゲンちゃんの眼鏡をマジックで赤く塗って「火事だ！」と怒鳴ったところ、驚いたゲンちゃんは飛び起きて道路に飛び出しタクシーに轢かれて警察沙汰《ざた》になり、さらにはスポーツ紙にまでこのニュースが載ってしまった、ということがあったのだ。

「条件反射ってのはあるぞ。毎回寝たら眼鏡赤く塗って、火事だ！って怒鳴っているうちに、パブロフの犬みたいに何もしなくても急に起きて店の外に飛び出して行くようになっちゃうかも」

「そうか、やってみよう。親爺、マジック持ってこい！」

親爺がマジックで眼鏡を赤く塗ろうとした瞬間、「火事だ！」と叫んでゲンちゃんが店から飛び出して行った。

「もう、パブロフの犬になっちゃった」と三人は慌てて外に飛び出した。しかしゲンちゃんの姿は見えず、客待ちのタクシーがポツンと停車しているだけだった。

「今、男が火事だって怒鳴りながら走って来ませんでした？」と藤川が聞くと、「男の人が走って来たけど、急にゆっくり歩き出して駅の方に行きましたよ」それを聞いた三人は、今度はゲンちゃんに騙《だま》された、俺達の悪戯《いたずら》に引っ掛かった振りをして割り勘の勘定を払わず帰ったことに気が付いた。「ちきしょう、騙された！」二人は思わず唸《うな》った。

「今日の勘定は二人で割り勘だな」

親爺が急に商売人に戻った。

「何だよ、親爺。自分だって一緒にやったくせに！　勘定になると他人かよ？」

「遊びは遊び、商売は商売！　三人で六千円だから二人で四千円ずつだ」

「一人三千円だろ！」

「バレた?」

三人笑いながら店に戻った。

しかしもっと驚いたのは、逃げたはずのゲンちゃんがいつの間にか舞い戻り、焼き鳥を勝手に焼いて食いながら、三人を見て「はい、いらっしゃい何人でしょう?」と聞いてきたことだ。

焼き鳥屋を舞台に、もはや瞬間芸ともいえる四人の話芸が始まる。

「三人だけど空いてる?」

「お客さん運がいいね、今まで満員だったんだけど嫌な客が帰ってくれて、ちょうど座れる、どうぞ何飲む?」

「ビール貰おうか」

「何か焼きますか?」

また最初に戻ってしまった。

粗忽《そこつ》飲み屋、本日はこれにて閉店、毎度!

解題「大親分！」とは？

リアルにいた理系アウトロー

この短篇集におさめてある小説で一番最初に書いたのが『理系ヤクザ』なんですけど、書き上がったのが去年（二〇一九年）の夏だったっけな、机に向かってたら一気に出来上がったのを覚えてます。

やたら量子力学に凝《こ》ったりする親分の話ですが、ジョークとして思いついたわけではなくて、実際に似たような人を知っていたの。もう故人になってて、出会ったのも三十年以上前になるんですが、ずうっと忘れられない人でね。アウトロー稼業《かぎょう》でも普通なら誰もが嫌がる荒っぽい仕事を、パッと、まとめちゃう有能な人材だったようです。

外見はそれなりにコワモテなんですよ。飲み屋のカウンターで偶然知り合ったわけだけど、彼の稼業とミスマッチな大学卒で、雑学を話し出すとドンドン話題が広く深くなるわけ。彼が「あなたの大学での専攻、何だったの?」と訊いてきたんで、工学部だって教えました。すると、そうかって頷いてね。

「あなたが勉強したっていうと、レーザー工学の頃なんでしょう? タウンズとショーローの。メーザー・レーザー原理がノーベル物理学賞取った後だろうから」

そう言われて、俺は面食《めんく》らったわけだけど「あんまり大学行かなくなった頃に、ちょうどヘテロ接合構造を使った半導体が発見されたんですよね」なんて答えて。で、ちょうどチャープパルス増幅が知られた時なので、彼も「原子と分子内の電子が核から受ける電場以上の発振が出来る仕組みのやつ」なんて話すんです。目の前の男は明らかにアウトロー。正直、ビックリした。

「宇宙膨張理論があるけど、それがダークエネルギーってものと関係してるらしいね。そのエネルギーが重力を振り切るから宇宙がどんどん拡張していくんだって。それにはインフレ理論が適用されてるよな。アインシュタインが最初に宇宙定数を導入したけど、あの解《かい》は不安定だったよね」

「ええ⁉　あ、はい。そうでした」なんて、俺はドギマギしちゃったなあ。

専門外にも精通する凄み、そのミスマッチ感覚

どう考えてもアウトローなんですよ。だけど、付け焼き刃《つやきば》の知識じゃない、ちゃんと勉強してる話を楽しそうにしてるわけ。横に部下みたいなのがいて、たまに敵か味方かという話題になるんだけど、それと宇宙論を並行に喋《しゃべ》れるんです。

で、最後に混じっちゃって、「陽子・中性子・電子で中性子はフラフラしてて危なっかしい。こいつが面倒起こすと原爆みたいな現象を起こすんだ。俺達の世界でも同じです」なんて教えてくれる。その時に、こんな人が子供に量子力学を教えてくれたらわかりやすいだろうなって思った。それがずっと頭にあって『理系ヤクザ』に結びついたんです。

アウトローの世界でも、会社社会でも基本的に人の上に立って、ちゃんとリーダーシップ取れる人間は専門以外のことでもずば抜けてたりするんですよね。それと真逆で「神輿《みこし》はパーがいい」ってトップ、絵に描いたような馬鹿が上に立っちゃう場合もありますが。少なくとも俺が「この人、凄《すご》いな」と出会って感じた人たちは専門外知識、専門じゃないのに、笑っちゃうくらい、その知識が血肉になってるものを持ってました。そのミスマッチがとっても面白くて心に残るんだよね。

二代前の中村勘三郎《なかむらかんざぶろう》が歌舞伎でトップなのに、タップダンスを見て、ハマっちゃった挙げ句に下駄《げた》で高坏《たかつき》を踏んじゃったという逸話《いつわ》が好きなんです。なんというか、普通なら要らないものをマスターしちゃう、その凄さとか妙な可笑《おか》しさは小説にしても面白い。

セックスと小説が通じるところ

今回は全部「笑い」の小説なんですけど、自然に系統が分かれてきてるのかな。最近自分が書いた小説で私小説的な『足立区島根町』とか、自分の育った時代と環境を虚構にした『不良』があるでしょ。『島根町』『不良』の系統は映画で言えば、アップや胸から上のショットで撮ってる映画なんです。バーンと引いて、ロングで撮影しているものもあるけど、それは絵画っぽいというか、イメージなんだよね。それが今回の小説は三歩くらい引いた画面で書いてる。
セックスで、やってる方は感情をもって快楽をむさぼる。だけど、それを傍《そば》で撮影したらプロレス以上に滑稽《こっけい》でしかない。あんなくんずほぐれつ、カーマ・スートラなんて笑っちゃうじゃない。どうしちゃったんだという。セックスと小説は同じところがあって、今回は題材的に「ヤッてるのを笑おう」という考えでまとまったという感じかな。反転させてシリアスに『理系ヤクザ』と『ヤクザのピアニスト』を描いたら……ちょっと面白いか（笑）。生きるか死ぬかってシチュエーションも、ドンと引けば笑えてしまう。

困った大親分は誰だ?

ここまで話してきて、小説に出てきた大親分のモデルは誰かいるんじゃないかと、勘ぐっている読者もいるはず。無理難題を言いつけては周りを困惑の極《きわ》みの果てまで連れて行っちゃうという親分。これ、他の誰かじゃなくて、俺なんです。
昔、インターネットが流行《はや》りだした時にね、凄いアダルト動画が見られるって聞いてさ。弟子たちに「おい！　インターネット買ってこい！」と(笑)。「売り切れちゃうだろ、何してんだ、急げ！」なんて言うと、どうしようか困ってる弟子が「それ、パソコンが必要なんです」って小声で呟くの。で、買ってきてもらって電源つけてもスケベな動画が映らない。こっちは準備万端、やる気満々なのにさ。だから「なんだこれは！」と怒ったら、「電話と繫《つな》がないとダメなんです」とか焦ってる。俺も「バカヤロー、あそこの電柱から早く繫げ！」と、無茶苦茶《むちゃくちゃ》でね(笑)。挙げ句にやっと見られたら有料で、後で凄い額の請求書が送られてきちゃってさ。「これ、何の請求ですか」みたいに真面目に訊かれて、「あいつ、俺ん家《ち》のネットで。ふてえヤローだ！」とか弟子のせいにしたり。

ホント、そういう意味で、作中の大親分は俺でした。許してね！

(聞き手・岸川真)

＊本書は書き下ろしです。

編集協力
岸川真

河出新書 017

大《おお》親《おや》分《ぶん》！

アウトレイジな懲《こ》りない面々《めんめん》

二〇二〇年三月二〇日　初版印刷
二〇二〇年三月三〇日　初版発行

著者　北《きた》野《の》武《たけし》
発行者　小野寺優
発行所　株式会社河出書房新社
〒一五一－〇〇五一　東京都渋谷区千駄ヶ谷二－三二－二
電話　〇三－三四〇四－一二〇一［営業］／〇三－三四〇四－八六一一［編集］
http://www.kawade.co.jp/
マーク　tupera tupera
装幀　木庭貴信（オクターヴ）
印刷・製本　中央精版印刷株式会社

Printed in Japan　ISBN978-4-309-63118-9

進化の法則は
北極のサメが知っていた

渡辺佑基
Watanabe Yuuki

2016年、北極の深海に生息する謎の巨大ザメ、
ニシオンデンザメが400年も生きることがわかり、
科学者たちの度肝を抜いた。
彼らはなぜ水温ゼロ度という過酷な環境で
生き延びてこられたのか?
気鋭の生物学者が「体温」を手がかりに、
生物の壮大なメカニズムに迫る!

ISBN978-4-309-63104-2

河出新書
004